光尘
LUXOPUS

生活中的心理学

②情绪与情感

王垒 著

人民邮电出版社

北京

图书在版编目（ＣＩＰ）数据

生活中的心理学. 2，情绪与情感 / 王垒著. -- 北
京：人民邮电出版社，2024.1
ISBN 978-7-115-62843-5

Ⅰ.①生… Ⅱ.①王… Ⅲ.①心理学－通俗读物
Ⅳ.①B84-49

中国国家版本馆CIP数据核字（2023）第192045号

◆ 著　　　王　垒
责任编辑　马晓娜
责任印制　陈　犇

◆ 人民邮电出版社出版发行　　北京市丰台区成寿寺路 11 号
邮编 100164　　电子邮件 315@ptpress.com.cn
网址 https://www.ptpress.com.cn
三河市中晟雅豪印务有限公司印刷

◆ 开本：880×1230　1/32

印张：6.25　　　　　　　　2024 年 1 月第 1 版

字数：130 千字　　　　　　2024 年 1 月河北第 1 次印刷

定价：45.00 元

读者服务热线：（010）81055671　印装质量热线：（010）81055316
反盗版热线：（010）81055315
广告经营许可证：京东市监广登字 20170147 号

序言

在当代中国社会，心理学已逐渐成为显学，迎来了有史以来最好的时代！

回首 20 世纪 80 年代初，在北京大学校园三角地的书店，只有一本心理学类图书，并且被归在哲学类图书里，孤零零的。估计很少有人问津，因为人们很难注意到它。

那时候，心理学是个冷门学科，人们甚至不知道有这么个学科，以至于如果有人选择学习心理学，会有些奇怪。当时，一位老教授对新入学的新生这样说："你们上了'贼船'了。"意思是，你们看样子是学了不能学、不该学的东西。足见当时心理学的尴尬。

在当时，学者们经常调侃，心理学现在是锦上添花，是调味品，而不是必需品。也就是说，对生活或学术来讲，它可有可无。而只有到了它成为生活的必需时，它才会成为显学。四十多年过去，终于等到了这一天！

心理学怎么就成了生活的必需品了？

当你无法欣赏生命本身，无法从生命中内生出一种力量，时时刻刻感到厌倦，分分秒秒感到苦恼，随时随地欲要摆脱，你就没有和你的生命融为一体，就是出了问题。这时就需要心理学的帮助，心理学就是必需品。

心理学是帮助我们了解人生、开启人生、高效生存、迈向幸福的钥匙。

你想快乐，你就需要心理学；你不想不快乐，你也需要心理学。

让我们来看看让心理学成为必需品的场景。

先说职场。这里压力很大。为什么有些人选择"躺平"？因为心理动力不足，因为没有目标，因为没有办法。人们必须在认知和行动上重新找到工作的意义。另外一些人则选择"卷"起来，拼了命地竞争，即使不堪挣扎也无法放弃，越"卷"越用力，以至于被卷入职场的旋涡无法自拔。这两类人同样需要心理学的拯救。

特别是，工作中人们会有这样的感受，不管自己怎么拼命努力，总得不到上司的赏识，而自己工作上出了点差错，却被上司揪住不放，被训斥，甚至被同事嘲讽，感觉遭受了职场暴力。但有时也会奇怪，你觉得别人都不行，可是眼看着那些看起来比你差的人不断晋升，活得比自己好。这是自己得了职场红眼病吗？为什么自己的人生会这样？为什么自己就不能成为自己想成为的人？这里有心态的问题，有认知策略的问题，也有生活方法的问题。心理学都能为此提供帮助。

再说婚姻关系。为什么在一些人看来，婚姻成了爱情的坟墓？一部分原因来自认知和情感的偏差。例如，最初人们在意的是对方的优点，看到的都是对方的长处，于是就越想越觉得自己需要对方，对方就是自己的另一半。但后来发生了什么？原本熟悉的长处变得习以为常，吸引力降低，你开始盯着对方的缺点看，每天想的都是对方的不足，甚至变得吹毛求疵。于是，你开始讨厌另一半，巴不得把对方甩掉。其实大多数情况下，人还是那个人，只是这段关系中彼此的认知发生了扭曲，情感也就跟着发生扭曲。所谓坟墓，其实都是自己亲手搭建的，自己刨坑把自己埋了。

再看子女教育。很多家长搞不清什么是快乐教育、什么是挫折教育，什么是惩罚教育、什么是溺爱教育，一开始的教育方式就错了，亲子关系越来越拧巴，教育适得其反。有些家长还觉得，把孩子教成了自己最讨厌的样子，白费功夫了。

你可能在商场看到过，一些孩子因为家长不给自己买玩具，就号啕大哭，躺在地上耍赖。家长大声呵斥，甚至动手，也无济于事。孩子撕心裂肺地哭喊，很是扎心。你也许会奇怪，孩子怎么会变成那样？忘了自己可能也曾是这个样子，或者自己的孩子也可能会做出类似的事情。为什么会有这样的行为呢？有什么方法避免呢？

你可能在电梯里看到妈妈呵斥上小学的女儿，嫌她不够勤奋，嫌她懒，嫌她笨，嫌她没有达到父母的要求，嫌她没有得到老师的赞扬……孩子泣不成声、无地自容。你可能会想，这个妈妈为什么会这样教育孩子？太不通情理了。你可能会怀疑，在这样的沟通方式下，孩子能过得好吗？孩子对自己满意吗？对未来的人生会是满意的吗？实际上，很多人的童年也有过这样的遭遇，或者自己也会活成这样的妈妈。为什么意识到了不好还会这样做？到底哪里出了问题？有什么办法纠正？心理学会提供帮助。

在其他场景，如在考核、考试、竞赛中，人们常常发现自己越是想避免的结果，好像越容易发生；而自己越期待的东西，越容易失之交臂。于是，生活成了烦恼的来源。

……

为了解决这些烦恼，人们积极地寻找方法，如多读书。

而心理学成为显学的标志之一就是市面上的心理学读物越来越多，彰显出心理学的繁荣。如果你去书店转转，就会发现有关心理学的图书成架成堆，令人目不暇接。在经济、文化发达的社会，心理学作为显学的表现之一是书店里有关心理学的图书数量排在前列。其他指标包括每年授予心理学博士学位的人数在各学科中排在前列，每年大学里选修心理学课程的人数排在前列。

虽然现在书店里有关心理学的通识入门图书越来越多，但仍然存在以下几个问题。

第一，一部分是学院式教科书，它们比较适合大学心理学专业的学生学习，它的好处是系统性强、科学性强，但不足也很明显：通俗性不足，与大众的关联性不多，实用性不强。对大众来说，仍有距离感。

第二，一部分虽然强调生活的关联性、日常的实用性，但要么缺乏心理学的科学支撑和严谨性，要么其心理学知识片段化、局部化，抑或只涉及某些专题，让人很难看到整个心理学的基本框架和面貌。还有些通俗读物往往注意强调个人的感悟，或者受作者个人专业领域的局限。总之，偏向于为大众介绍心理学的通识图书十分稀缺。

这使我想起很多年前看到的艾思奇写的《大众哲学》，它不厚不复杂，文字简略，娓娓道来，有故事，有生活，有知识，有哲理，通俗易懂，深入浅出。这给了我很大的启发。写给大众的心理学概论之类的图书，应该具备这样的特色，它会让人爱不释手，让大家觉得贴近生活，接地气，学而有用，用有所悟。

当然，要写这样一本书，需要巨大的勇气和相当的投入，需要下很大的决心。好几年前，先后有多个音频知识平台发来邀请，直到2021年，帆书（原樊登读书）派出编辑小组与我商讨，先后持续了大半年。我感动于他们的执着，终于下了决心，编写、开讲"生活中的心理学"，因为做这件事实在是非常有意义、有价值。它不仅推广科学，传播知识，更能在日常生活的点点滴滴之中，帮助大众更好地、更有效地、更快乐地生活和成长。这也是我开设这门课的宗旨。

音频课播出后相当受欢迎，很快播放量就超过一百万。于是，光尘图书的编辑找到我，建议把课程的内容整理成图书出版，呈现给更多的读者，这就有了现在的《生活中的心理学》这套书。当然，我在原来音频课基础上做了相当大的修改，使它系统性更强，框架均衡，内容充实，更便于读者分门别类地吸纳知识。

下面来说说这套书的框架。

这套书共四册，呈现系统性的心理学知识，同时每个关键知识点都联系到社会生活的真实场景和应用方法。具体包括以下几大部分。

认知与理性。讲解人的认知过程，说明人是如何认识世界的，内容如下。

- 感知：我们是怎么感受世界的，有哪些感觉，各种感觉如何协调工作，我们该如何防止被感知觉欺骗？

- 专注：如何注意该注意的、忽略不该注意的，如何当心注意盲区，如何调整注意策略？

- 记忆：什么是记忆和遗忘，如何提升记忆力，过目不忘是真的吗？

- 学习：人们如何通过各种学习积累经验，有什么窍门？动物的学习和人类的学习有什么相通之处，可以借鉴吗？

- 言语：言语能力是天生的吗，有哪些自然语言，如何矫正口吃？

- 思维：如何有效思考、解决问题，如何规避思维陷阱？如何提高思维能力？逆向思维、镜像思维、延展思维是怎么回事？

• 想象与创造力：如何锻炼想象力，如何凭借有限想象力想象无限的事物？有哪些能更好地发挥创造力的策略？

情绪与情感。例如各种基本情绪，如喜、怒、哀、惧，以及复杂情绪，如焦虑、傲慢、嫉妒、抑郁都有什么特点？情绪的调节方法有哪些？情绪与情感的区别是什么？负面情绪有哪些积极作用？如何才能更快乐？幸福的密码是什么？如何摆脱焦虑和抑郁？

动机与行为。人们的各种行为动力来源是什么？本能、需要、驱力、意志如何渗透在我们的日常生活行为中，为我们提供何种行为动力？为什么有人暴饮暴食，有人却厌食；为什么有人常立志、有人立长志？成就动机怎么来的？不满意的反面为什么不是满意？鱼和熊掌如何兼得？如何提高内在动机？为什么有人为财死，而有人对理想至死不渝？

性格与人际关系。人的气质和人格是什么，有什么关系和区别？为什么有的人很有耐性，有的人却很暴躁？有的人很执着，有的人很懦弱？文艺作品中那么多栩栩如生的人物，如何解读他们的主要性格？他们为我们的日常生活提供什么样的指南？还讲了生活中的各种关系，如亲密关系、夫妻关系、婚恋关系、亲子关系、同事关系、上下级关系、邻里关系。人如何理解这些关系中的心理？如何在各种关系中游刃有余地应对？如何更好地经营这些关系，让生活更有质量？

这些内容涉及生活的各个层面，力求做到内容丰富又详略得当。

这套书的另一个特点是"新"。我选用了不少 2020 年以后最新的心理学发现，它们大多都还没有进入学院式教科书。大家可以由此看到心理学最新的进展，以及它如何深入我们生活中的方方面面，先睹为快。通过读这本书，你很有可能比心理学专业的本科生更早知道一些内容。

特别是，我选取了多篇 21 世纪《自然》（*Nature*）《科学》（*Science*）这类顶级科学期刊上发表的心理学相关研究，为读者做了解读，使大家能够更好地了解心理学如何以相当简明但严谨的方式去剖析非常深刻复杂的现象，领略科学的风采。

为了帮助大家读好这本书，这本书的构造强调三个组成要素：一是知识内容，告诉大家具体的心理学原理；二是生活应用，告诉大家如何将心理学知识用于自己的生活；三是深刻和高度的提炼，从而更好地指导生活。你会看到，每个章节都贯穿这三个要素。特别是第三个要素，也就是知识凝练，我专门为大家写作了一些总结性的话语，把心理学的智慧提升起来，沉淀下来，凝聚出来。

总之，这是这样的一套心理学图书：

- 它是写给普通人的心理学教科书，写给学生的通识读物。

- 它是比教科书更通俗易读的心理学通识图书，比通俗读物更科学丰富的教科书。

- 它把科学讲进故事，把故事讲出科学。

- 它是不费力气也能读下来的教科书，花点儿心思就能上手的实用指南。

- 它使你不再觉得生活很累，为你增添许多人生智慧。

希望你不是真的因为生活有很多困惑或纠结才来看这本书；但如果你生活中真的有些困惑或纠结，那你一定要来看这本书。送你一句话：放下拿不起的，拿起放得下的。

感谢帆书的舒从嘉、殷紫云，他们坚持不懈的努力，直接促成了我下决心写音频课的讲稿，并在我随后每一期的音频课讲稿的写作中，给予了很多有价值的建议和意见。感谢我的学生郑清、马星、贾浩哲，他们在我的课程讲义的写作中承担了部分文献和素材的整理工作。感谢光尘文化传播有限公司的王乌仁，以及人民邮电出版社的各位朋友，他们对课转书的定稿提供了许多建议和意见。他们的耐心和专业精神尤其令人敬佩！

王垒

于北京大学

目录

第一章

情绪

第一节　情绪是什么

我们几乎每天都要与情绪打交道，好像每个人都知道它，但如果我问"情绪是什么？"，可能大多数人答不出来。我们取得好成绩时会开心，被老板批评时会难过，举步维艰时会焦虑，被人故意为难时会愤怒……这些都是日常生活中的情绪表现。但是，如何科学地界定这些情绪呢？

关于"情绪是什么"的问题，不同流派的心理学家给出了不同的答案：比如詹姆斯－兰格理论认为，情绪是由环境变化引起的对自身状态的感觉；约翰·华生（John Waston）认为，情绪是遗传的反应模式……而在我看来，要理解情绪，可以从以下 3 个层面进行。

情绪的第一层含义：外在－表情

情绪的英文是 emotion，它是拉丁文中"向外"（e）和"移动"（motion）两个词的组合，具有"向外移动"的意思，这也是情绪最早的含义。同时，它也被用于描述多个领域的"移动"现象。比如在自然界中，"打雷引起空气的流动""冰雪消融引起山间小溪的流动"等；在描述人类的群体活动时，emotion 也被用来表达扰动、骚动等。

由此可见，情绪一定与人的活动有关，并经常表现为各种外显的、可见的行为。其中最典型的行为表现有：开怀大笑，这是愉快时的表现；痛哭流涕、泪流满面，这是哀伤时的表现；张牙舞爪、怒目圆睁，这是愤怒时的表现；惊掉了下巴、神色慌张，这是惊奇、恐惧时的表现……这些行为表现都是情绪外显的标签，也就是表情——情绪的行为表达。

　　达尔文（Darwin）在其著作《人类和动物的表情》中，曾解读了各种表情的由来。达尔文指出，每一种表情都有其各自适应生存的意义，是人类与动物在进化过程中保留下来的行为反应。如果我们根据这一理论来解释表情的意义，那么愉快的笑容就表示舒适和接纳，哀伤的表情就表示难过和求助，愤怒的表情就表示不满和攻击，恐惧的表情就表示退却和示弱。它们都是具有适应生存的意义的。

　　在现实生活中，表情也有很多用途。心理学家发现，人类的表情具有各种特定的模式，并且每一种表情的模式都各不相同。由于这些模式都是由面部的特定肌肉动作形成的，人们根据不同表情的肌肉活动模式，可以通过训练而做出或识别各种各样的表情。

　　美国心理学家保罗·埃克曼（Paul Ekman）曾经发明了一套表情识别方法，还将这套方法应用于各个领域。比如，演员可以用这套方法来训练自己表达各种情绪的能力，医生可以用它来识别有心理疾病的人是否被治愈，警察还可以用它来识别嫌疑人是否说谎。心理学家认为，除非经过极其严格的训练，否则人一旦说谎，表情就会表现出异样或特殊的模式，从而被甄别出来。美国电视剧《别对我说谎》就是基于埃克曼的理论，讲述了读心神探卡尔·莱特曼（Carl Lightman）如何识别嫌疑人、证人是否说谎的故事。

情绪的第二层含义：内在－体验

你可能会问：人为什么要做出表情呢？

原因就在于，人在面对不同的情境时会产生不同的内在体验。比如，"人逢喜事精神爽"，说的就是快乐的体验；遭遇重大不幸，失去至爱亲朋，感到"心如刀绞"，这是哀伤痛苦的体验；遭遇恶意诽谤、中伤、迫害，会被气得"五脏俱裂"，这是愤怒的体验；遇到可怕的事，"不寒而栗"甚至"魂飞魄散"，这是恐惧的体验。所以，情绪和人的心理感受有关，是人的各种不同的内在体验。

内在体验，顾名思义就是情绪的"内在"性，是人的内部心理活动，是情绪的重要过程。正是这种过程使人的情绪具有了丰富的内涵。

值得一提的是，情绪体验往往都伴随着相应的生理过程和变化。例如，人们在体验到开心、快乐时，往往会笑得喘不过气来；在体验到哀伤、痛苦时，往往有切肤之痛或心如刀绞的感受；在体验到愤怒时，常常会火冒三丈、怒火中烧，甚至背过气去；在体验到恐惧时，常常不寒而栗、毛骨悚然，吓得喘不过气来；在体验到厌恶时，可能会忍不住呕吐。这些都反映了人们在体验到相应情绪时的生理变化。

正是这些生理现象使人们的情绪体验更为"深刻""生动",甚至"刻骨铭心"。

情绪的第三层含义:认知-评价

我们再深究一下:人为什么会产生各种各样的内在体验呢?

原因是发生在你身边的事件对你有着某些特殊的意义,你在认知评价这些事件时,就会产生相应的内在体验。

比如我问你:在看到一只大狗熊时,你会害怕吗?你可能说"会害怕",但心理学家认为不一定。如果你在深山老林中看到一只大狗熊,你肯定会害怕,因为狗熊是陆地上最凶猛的食肉动物之一;但是,如果你在动物园里看到一只大狗熊,你可能不但不害怕,还会被它憨态十足的动作逗得哈哈笑。

这就说明,决定你害怕与否的并不是大狗熊本身,而是大狗熊和你构成的情境关系。你对这种情境关系的认知评价,决定了你会产生什么样的内在体验。简而言之,你的内在体验取决于你对这个世界的认知评价。

对于同一种情境关系,不同的人给出的认知评价也可能是不同的。比如,在原始森林中看到一只大虫子,多数人会吓得哇哇叫,但冒险真人秀《荒野求生》中的贝尔·格里尔斯(Bear Grylls)却会高兴得手舞足蹈。因为在他的认知评价中,这只大虫子就是优质蛋白,可以为自己提供能量。

所以，把顺序倒过来，从内向外看，情绪主要包括认知评价、内在体验和行为表达 3 个维度。著名心理学家 M.B. 阿诺德（M.B.Arnold）曾给情绪下了一个定义：情绪是一种针对具体东西的体验倾向，它指引你趋近知觉为有益的东西，回避知觉为有害的东西；这种体验倾向伴随着一种相应的趋近或回避的生理变化模式。这个定义读起来有些拗口，但它所表达的其实就是认知评价、内在体验和行为表达 3 个维度。

仍然以看到大狗熊为例。假如你在动物园里看到一只大狗熊，你认为这个情境是安全的，这就是做出了"有益"的认知评价，这时你会感到开心、放松，产生愉悦的内在体验。随后看到大狗熊憨态十足的动作，你会开怀大笑，甚至笑弯了腰，这就是"趋近"的行为表达。所谓"趋近"，就是你会表现出一种接纳、认同的行为，在这里的表现就是开怀大笑。

相反，如果你在森林中看到一只大狗熊，你会感到非常危险，这就是做出了"有害"的认知评价，你会感到紧张、恐惧、浑身发冷，这就是产生了不愉快的内在体验和生理反应，这时你想尽快离开这里，摆脱危险的情境，这就是"回避"的行为表达。

所以，如果我们简单归纳情绪的内涵和定义，那么情绪就是我们对事件与自身的关系的认知评价，以及相应的内在体验和行为表达。

情绪是人们拥抱世界或拒绝世界的晴雨表。

第二节 情绪的产生

情绪就像我们的影子，不管我们喜不喜欢它，它都始终伴随我们左右。我们在前一节介绍了情绪的定义。那么，情绪是如何产生的？为什么面对同样的刺激事件、场景，有的人有情绪反应，有的人却没有？或者有的人有这样的情绪反应，有的人却有那样的情绪反应？

接下来，我们就一起看看，到底是哪些因素决定了我们的情绪反应。

决定情绪反应的关键因素

著名情绪心理学家 S. 沙赫特（S.Schachter）和 J.E. 辛格（J.E.Singer）做了一个非常有趣的实验，巧妙地诠释了情绪发生的过程和作用。他们招募了一群志愿者，并提前告知这些志愿者，有一款新研发的维生素化合物注射剂对提升视力大有益处，请大家体验一下。

接下来，志愿者被随机分为两组，一组被注射的是生理盐水，另一组被注射的是肾上腺素，均非对视力有益的维生素化合物。肾上腺素是一种激素，它会增强交感神经系统的活动，使人产生呼吸急促、心跳加快、血压升高、浑身发热、出汗甚至颤抖等一系列生理唤醒反应。完成注射后，实验人员告诉志愿者：注射剂会在几十分钟内生效，请他们等待测试视力。

对于被注射了肾上腺素的这组志愿者，实验人员又把他们随机分为三组：第一组为"正确告知组"，即如实地告诉他们注射药物会引发的一系列生理反应；第二组为"未告知组"，即没有如实告知，只是告诉他们药物是温和的，没有副作用；第三组为"错误告知组"，即告诉他们错误的药物反应，如全身麻木、发痒和头痛等。然后，实验人员又安排了两个实验场景：一个是"愉快"的场景；另一个是"愤怒"的场景。三组志愿者分别被平均拆分为A、B两个小组，A组进入愉快的场景，B组进入愤怒的场景。

实验人员是这样设计愉快场景的：A组志愿者在一个房间内等待，他们会看到房间内有些人在唱歌、跳舞、玩耍，表现得十分欢快（这些人其实是实验人员假扮的），并且这些人还邀请A组志愿者和他们一起玩耍。

对愤怒场景的设计是这样的：B组志愿者在另一个房间内等待，他们看到房间内有些人（也是实验人员假扮的）正在填写调查表，并且一边填表一边跺脚、拍桌子、发火、咒骂，最后还把调查表撕得粉碎。之后，B组志愿者也被要求填写同样的调查表，表上会有一些明显带有刺激性的伤人的提问，很容易引起人们的愤怒情绪。

结果，实验人员发现，注射了生理盐水的那组志愿者与注射了肾上腺素并被正确告知的那组志愿者，无论身处哪个场景之中，他们中的大多数人都表现镇定，可以在房间内安静地等待，不会理会实验人员故意做出的古怪行为。

然而，注射了肾上腺素并被错误告知的志愿者，以及注射了肾上腺素而未被如实告知的志愿者，则表现为追随他人的行为，要么跟着实验人员一起欢快地又唱又跳，要么像实验人员一样愤怒、咒骂、撕碎调查表。

通过这个实验，S. 沙赫特和 J.E. 辛格得出了以下结论。

首先，注射具有生理唤醒作用的药物——肾上腺素，并不会必然引发情绪反应。注射了生理盐水的志愿者与注射了肾上腺素并被正确告知生理反应的志愿者，都没有表现出强烈的情绪反应。

其次，特定的环境场景也不会必然引发特定的情绪反应。也就是说，并非所有的志愿者都会被房间内的实验人员"带节奏"，跟着做同样的行为。

但是，那些没有被如实告知的志愿者，因为无法解释自己一系列的生理反应，也就无法做出正确的认知评价，所以他们就会从环境场景中寻找线索来解释自己的生理反应。他们看到愉悦的场景时，就更倾向于受到感染，从而跟着愉快起来；看到令人愤怒的线索时，也更倾向于受到感染，从而跟着发起火来。这些环境线索帮助他们建立了对自身生理反应的认知评价。

因此，被注射了哪种试剂，以及进入什么样的环境场景，其是否能够引发情绪反应，以及会引发什么样的情绪反应，都取决于人们如何理解和解释注射物与环境场景。也就是说，一个人经历了什么样的生理唤醒事件，有了什么样的环境场景体验，以及产生了什么样的认知评价，共同决定了其情绪反应。简言之，人的情绪反应是由生理唤醒和相关环境场景及其对应的认知评价共同决定的。

关键因素如何影响情绪

了解了上述关键因素，我们就能理解，为什么人们在工作、学习中会出现不同的情绪反应。比如，在公司会议上，有的员工会争着抢着做报告，阐述自己的创意和想法，而有的员工一提到做报告就非常紧张，原因就是他们对事件和自身的关系做出了不同的认知评价。做报告积极的人，可以得出自己能够胜任、可以做好的认知评价，因而乐于趋近，体验到接纳、愉快的心情；做报告不积极的人，则会得出自己不能胜任、无法完成的认知评价，行为上是回避的、拒绝的，产生的情绪也是难受的，甚至是痛苦的、恐惧的。

下面，我们以畏难情绪为例，具体看看 3 个关键因素是如何影响情绪的。畏难情绪是人们普遍存在的心理现象，尤其是当人们做一件事需要耗费大量的时间和精力，却不一定能够顺利完成时，就容易出现这种现象。所谓"难者不会，会者不难"，其情绪逻辑正在于此。

畏难情绪会导致很多不良后果，如回避、拖延、害怕失败，甚至会引发自卑心理。以学生做数学题为例，我们从影响情绪的 3 个关键因素——生理唤醒、环境场景和认知评价，来分析畏难情绪的坏处。

生理唤醒就是我们在考试中遇到一些题目，发现它们确实很难；环境场景就是我们发现时间已经一分一秒地过去，其他同学好像已经开始翻转试卷做后面的题目了，而我们还卡在这道题目上，解不出来，这时我们就会很焦躁；认知评价就是我们觉得自己解不出这道题目了，自己的数学太差了。最终，我们就会变得沮丧、难过，甚至一想到数学就头疼，感觉自己不是学数学的料。

但是，如果我们改变 3 个关键因素，情况会是什么样呢？

首先，改变生理唤醒，即把较难的题目换成简单的题目，虽然身边的同学已经开始翻转试卷做后面的题目了，而我们做得很慢，但我们能够保证正确率，这样与其他同学的差距就没那么大了。这时，我们的认知评价就会改变，觉得自己的数学水平尚可，情绪也就不那么沮丧了。

其次，改变环境场景，即题目虽然很难，但我们此刻并非身处重要的考场，而是在教室上晚自习。我们请成绩优秀的同学讲解一下，很快就会做了，这时我们就会觉得自己挺聪明的，数学水平也没那么差劲，情绪也会好起来。

最后，改变认知评价，即题目还是那么难，我们正坐在高考模拟考试的考场中，仍然不会做题，同学们已经开始做后面的题目了，但我们是体育特长生，已通过相关考核并被相关大学提前录取了，能不能解出这道题目对我们的大学录取几乎没有影响。或者我们可以这样想：仅仅一道题、一个科目、一次考试并不能决定一切，我们只当这是一次锻炼，以后还有很多机会。这样，我们也就没那么沮丧和难过了。

同样的道理，要想在工作中克服畏难情绪，也可以采用上面的方法。总之，没有无缘无故的欢喜，也没有无缘无故的厌嫌。

本能认知触发的情绪

如前文所述，人最基本的情绪包括喜怒哀乐惊恐，这些情绪都出自人的本能，是人对外界的一种自然反射。这种本能也会快速引发人们的认知评价。比如你在深山老林中看到一只大狗熊，你会当机立断，做出认知评价和反应：危险，赶紧跑，慢了可能就来不及了！

也有心理学家认为，有时人们先做出本能反应，再去评价结果。著名心理学家威廉·詹姆斯（William James）就说过："我们一觉察到某种特殊事件或刺激，就会立刻产生相应的身体上的变化。我们对这些身体变化的感知体验就是情绪。"在詹姆斯看来，对情绪的合理解释应该是：因为我们哭泣，所以哀伤；因为我们动手打人，所以生气；因为我们发抖，所以害怕。我们不是因为哀伤才哭，因为生气才打人，因为害怕才发抖。虽然詹姆斯的说法缺少实证和科学依据，但他的很多观察和思考还是有些道理的，也合乎人们的某些生活经验。

比如，我们站在悬崖边，脚差一点儿踩空，这时会赶紧把脚收回来，身体紧紧贴住石壁，手死死抓住石壁上的草根或其他东西……这一系列动作全凭本能，并且非常迅速。之后，我们才会吓出一身冷汗，回想起刚才的过程而感到恐惧。这个过程就是先有本能反应，后有认知评价，所以我们才会常说"想想都令人后怕"。

以上这种情况，通常都与"应急事件"有关，需要人本能地做出快速反应，同时靠直觉做出评价。著名情绪心理学家、加利福尼亚大学伯克利分校的理查德·拉扎勒斯（Richard Lazarus）教授将其称为"初级评价"，往往事后人们才会做出深度的评价，去分析刚刚经历的过程，以及下一步该如何应对。

这个案例也说明，在日常工作和生活中，无论愉快的情绪，还是愤怒的、哀伤的、恐惧的情绪，都是有意义的。有些人将愤怒、哀伤、恐惧等称为"消极"情绪，觉得这些都是不好的、不应该存在的。我认为这种看法不妥当，因为任何一种情绪在现实生活中都有自己的作用，都不应该被简单否定。

第三节　心理学对情绪的分类

我国古代的一部工具书《说文解字》，是东汉时期一位名叫许慎的学者编著的，也是世界上最早的字典之一。我国心理学家研究发现，在这部收录了 9 353 个小篆字头的著作中，有 354 个单字是用来描述人的情绪表现的。而在《现代汉语词典》中，可以描述情绪的双字词有数千个之多，更不要说多字词和成语了。

虽然描述情绪的词语很多，但其实它们都有特定的内在关系，据此，我们将情绪归纳出一些属性和类别。

情绪的属性

情绪的属性又称情绪的维度，不同心理学家对其有不同的划分和界定。总体来说，情绪至少具有两个公认的属性，分别为愉悦度与激活度。

所谓愉悦度，是指情感状态的正、负特性，即情感的积极或消极程度、喜欢或不喜欢的程度等，这个属性体现了情感的本质。激活度是指个体情绪的生理唤醒水平、警觉性等。比如，情绪表现为高度的激活、激动，还是表现为非常平静、镇定。

举例来说，哀伤这种情绪的属性就是"不愉快的""激活水平比较低的"，愤怒情绪的属性则是"不愉快的""激活水平比较高、反应比较强烈的"。同样，厌恶也属于"不愉快的"情绪，但它的激活度处于中等水平，既不是很高，也不算很低。

值得注意的是，在评判情绪的属性时，情绪心理学家使用的是"愉快"和"不愉快"两个指标，而不是"积极"和"消极"、"正面"和"负面"，原因是积极、消极、正面、负面等词语很容易引起歧义。

比如，愤怒确实是一种不愉快的情绪，但它也可以起到"正面"的作用，如帮助人们打垮、摧毁那些让自己不愉快、让自己痛苦的事物。就像《我的祖国》中唱的那样："若是那豺狼来了，迎接它的有猎枪。"这种杀敌雪恨、保家卫国的情绪虽然是愤怒的，但所起的作用却是正面的。

同样，恐惧的属性是"不愉快的""激活水平高的"，但我们也不能简单地将其归为"消极情绪"，因为它也有"积极"的意义。比如在遭遇危险时，它可以引导我们及时逃离危险的环境，避免受到伤害。

对于这类情绪反应，英文中表述为"fight or flight"，翻译过来是"战斗－逃跑"。这也是人类与动物长期适应环境、满足生存需要所进化出来的一对行为反应，具有特定的适应意义。

情绪的 3 种类别

既然人类有这么多情绪，我们如何为其分类呢?

大家最熟悉的分类方法，可能是把情绪分为积极情绪与消极情绪，或者是正面情绪与负面情绪。所谓积极情绪、正面情绪，就是"好情绪""我喜欢的情绪"，消极情绪、负面情绪就是"不好的情绪""我讨厌的情绪"。从科学的角度讲，这种分类方法并不恰当，何况我们也需要多种情绪才能更好地驾驭生活，各种情绪不能简单地依靠个人喜好来区分。

所以，我们需要抛开个人喜好，用更科学、更有指导意义的方法来为诸多情绪分类。为此，心理学家提出了一个简单有效的办法，那就是化繁为简。这也是应对描述情绪的繁多标签的基本科学方法，用现在的流行语来说就是"降维"，即用一个类别标签来概括一种相似或相近的情绪。

1.基本情绪：本能的单一情绪

所谓基本情绪，在心理学上是指那些天生的、与生俱来的、不需要学习的、依靠本能就可以自然产生的情绪。

这些情绪一般在一个人的婴儿期就会表现出来。比如，刚出生不久的小宝宝，在吃饱睡醒后，会很自然地露出愉悦、微笑的表情，这就是一种基本情绪，被称为"愉快"的情绪。

但是，如果小宝宝饿了，或者尿湿后大人没有及时为他更换尿布，或者生病了，他就会难受得大哭大叫，此时他的表情往往是眼睑收缩、嘴部肌肉僵硬，这就是一种"痛苦"的情绪。

如果哭闹半天还是没人管，哭累了，那么小宝宝就会露出可怜、哀伤的表情，此时他的眼角、嘴角都会向下耷拉，这就是一种无奈的，无法摆脱痛苦、想要寻求帮助的"哀伤"情绪。

当小宝宝受到强烈的惊吓刺激时，如听到爆炸声、大人的吼叫等，他就会表露出恐惧的表情，如瞳孔放大、眼睑收缩、眉心紧蹙、嘴巴使劲儿向后咧，表达出一种回避、拒绝的"厌恶"情绪。

当然，如果小宝宝正在愉快地吃奶或者玩玩具，你突然夺走他的奶瓶或玩具，他就会表现得极为生气，甚至大哭大闹，挥动着手臂表达不满的"愤怒"情绪。

以上这些都是人类本能的情绪反应，并且这些情绪反应可以达到一些对己有利的目的，如获得关注、快速躲避天敌，或者向他人表达好感、展示愤怒等。心理学家反复核查、分析、研究、确认这些本能的情绪反应，最后归纳出人类的 4 种本能的、与生俱来的情绪，它们分别为愉快、愤怒、哀伤、恐惧。这 4 种情绪是不需要别人来教、无师自通的，因此被称为"人类的基本情绪"，又称"原始情绪"。

当然，也有心理学家认为，除了以上 4 种情绪，还有几种情绪也算是基本情绪，如惊讶或惊奇，即对意想不到的或有趣的事情表现出诧异和好奇。这应该是人类探索欲、求知欲的最原始表现。

还有一种是厌恶情绪，是指人因接触到不愉快、不舒适的刺激，如难闻的气味、苦涩的味道、刺眼的光线、刺耳的声音等，产生的不好的情绪感受，并表现为回避、拒绝、嫌弃的行为。

此外，轻蔑、害羞、痛苦、哀伤等，也被一些情绪心理学家单独列出来，作为基本情绪。

喜、怒、哀、惧是人类的本能，无论表达还是识别都不需要学习。

2. 复合情绪：由多种基本情绪组合而成的复杂情绪

复合情绪一般是由两种或两种以上的基本情绪，按照不同的比例、方式组合而成的情绪。比如，恐惧和害羞组合在一起，可以形成"胆怯"，这就是一种复合情绪，表现为害怕、腼腆、怯生、不好意思的样子；再如，愤怒和厌恶组合在一起，再加上轻蔑，就能形成一种"敌意"，表现为对他人充满憎恨、厌恶、蔑视的情绪。

很多时候，我们体验到的都不是单一的基本情绪，而是复杂的复合情绪，这些情绪组合起来让我们拥有了千变万化的人生体验。

3. 高级情绪：复合情绪 + 认知

情绪还有一种比较高级的组合方式，那就是复合情绪与认知组合形成的一种更为高级的情绪状态。

比如，敌意加上爱思考，就会形成一种"多疑症"；痛苦、厌恶的情绪与不自信的自我认知相组合，就会形成一种"自卑感"。

从情绪的角度讲，多疑、自卑等并不是单纯的情绪，而是情绪与认知组合形成的一种特殊的心理状态。

综上所述，我们得知，基本情绪不能简单地分为积极情绪与消极情绪、正面情绪与负面情绪，恰当的分类方法应该是将其分为愉快的情绪与不愉快的情绪、肯定的情绪与否定的情绪等。当然，这种分类只适用于基本情绪，因为基本情绪都是本能的。比如哀伤、愤怒、恐惧等，都属于不愉快的情绪，是属于我们要否定或消除引发这种情绪的原因或事物的情绪。这些否定或消除不愉快的情绪的共同意图都是为了让我们更好地生存，这在进化心理学中被称为"适应"。而复合情绪和高级情绪就不同了，它们通常都具有更复杂的内涵，因而可以有积极和消极之分。

各种情绪是人开出的生命之花的花瓣，一片都不能少。

情绪与情感的区别

说起情绪，我们可能还会想到另一个词——情感。有些人认为，情绪就是一种情感表现，甚至会将二者混为一谈，其实情绪和情感是有很大区别的。比如，我们不能把"愤怒"这种情绪称为一种情感，但"同仇敌忾"就是一种情感；我们不能把"害怕"称为一种情感，但"宁死不屈"就是一种情感。

通常来说，情绪与情感在特性上具有以下 3 点区别。

首先，情绪大多是与生物需要、生物过程、生理反应等相联系的，基本情绪就属于这一类；情感则是指与人的社会属性、人际关系相关联，受社会规范所制约的那些复杂的情绪。

其次，情绪相对来说具有较强的状态性、激动性和短暂性，往往会随着情境的改变和需要的满足而减弱甚至消失；情感则是在长期教育和与人交往的过程中所形成的，具有一定的稳定性，持续时间较长，如爱情、友情、忠诚、道德感等。

最后，情绪属于一种先天本能，不需要学习；情感则需要逐渐培养教育，靠后天学习才能形成。

总之，稳定的情感是在大量情绪体验的基础上形成和发展起来的，也是通过情绪表达出来的，离开了具体的情绪过程，情感及其特性无法孤立地存在；而情绪的变化往往反映了情感的深度，情绪在变化过程中也常常饱含情感。所以对于这二者，你也可以这样理解：

情感是情绪高级社会化后所结出的果实。

第四节　情绪的基本功能

人的情绪是非常复杂并且不断变化的，一个人即使面对同一个人、同一件事，也可能在不同的时间里产生不同的情绪。因此，美国传奇诗人埃米莉·狄更生（Emily Dickinson）将情绪比喻为"内心的暴徒"。

那么，这个"内心的暴徒"都有哪些功能，对我们又会产生怎样的影响呢？接下来，我们说说情绪的基本功能。

适应生存

根据达尔文提出的进化论观点，人的每一种心理和行为都是有意义的，都是人长期适应生存而进化的结果，情绪也不例外。

达尔文的这一观点得到了很多研究者的支持。比如，情绪心理学家保罗·埃克曼就做过一项调查研究。他找到了一个居住在偏僻小岛上的原始部落，这些人从未接触过现代文明，家里也没有电子产品，更是从来没有接触过外界的人。埃克曼让这群人观看白种人表达了各种基本情绪的表情照片，结果发现，他们虽然从未见过外界的人，但完全可以识别照片上的各种表情。埃克曼以美国人做同样的实验，美国人也能识别这些原始部落中的人的各种表情。换句话说，虽然两个群体在截然不同的环境下生活，没有过任何交流，但他们的情绪表达几乎是相同且相通的。

其实，这种情绪识别能力在很小的孩子身上就体现了出来。有一次，我和我的澳大利亚同行一起做一个对比研究，分别请来自中国和澳大利亚幼儿园的小朋友来识别中国人和美国人的表情照片。结果发现，无论来自哪个国家的小朋友，也无论他们看到的是哪种肤色、哪个种族的人的表情照片，他们都可以正确地识别，并用自己的方式说出各种基本情绪对应的表情的含义。

这种跨文化一致性的证据表明，人类的情绪有共同的特点，是人类进化的本能产物。而凡是人类的本能，都具有适应生存的意义。

相反，如果人类没有这种本能，如没有愤怒情绪，那么敌人打到家门口了，我们还在夜夜笙歌，就像古诗中写的"商女不知亡国恨，隔江犹唱后庭花"，那是不是很可怕？如果没有恐惧情绪，海啸即将来袭，我们还在海滩上毫无顾忌地散步，那是不是很危险？如果没有悲伤情绪，失去了至爱亲朋，却无动于衷，那是不是很冷血？

所以说，情绪具有帮助人类适应生存的作用，它可以让我们知道自己此刻需要什么，并做出相应的行动。也可以说，情绪是帮助人类适应生存的有力且首要的工具。

放大动机

我们经常说"狗急跳墙""兔子急了也会咬人"，这些现象说明情绪可以让人更快速地采取行动，并为行动提供更大的动力。

举个例子，人在空气中可以屏住呼吸，一般人最久能憋气40秒到1分钟，游泳高手憋气的时间可能更长一些。如果把脸埋在水里，按理说憋气的时间应该与在空气中差不多，但实际上，此时人会非常担心自己缺氧，害怕喘不过气来或者喘气后呛水，这种恐惧的情绪就会放大躯体对氧气的需求。因此，一般人在水里憋气的时间往往更短，而那些不害怕呛水的游泳高手就不会出现这种情况。

可见，情绪具有放大动机的功能，并且这种功能具有一定的保护作用，可以保护我们不受伤害。但是，这种情绪可能也会阻碍我们充分发挥自己的真实能力，比较极端的例子就是饥不择食、慌不择路等，即因太害怕而急于摆脱危险的情境，导致做出不假思索的行动，甚至导致非常严重的后果。

表达沟通

表达沟通也是情绪的重要功能之一。情绪的行为表达就是表情，包括面部表情、手势与姿势表情、声音表情等。

1.面部表情

在跨文化的情绪沟通中，面部表情是人与人之间互相沟通的重要方式之一。即使不会说话的婴儿也能读懂父母的面部表情，这也保证了他们与父母可以进行有效的沟通。

有一个著名的社会参照实验就证实了这一点，它的过程是这样的。在一个6米长的通道中，一端站着妈妈，另一端放着一个形状怪异、会闪光、会发出奇怪声音的玩具；然后让一个刚刚会走路但还不太会说话的孩子站在通道中间；这时，玩具闪光并发出奇怪的声音，孩子既好奇又害怕。

实验中，一组志愿者家庭的妈妈会对着孩子做出愉快的表情，另一组志愿者家庭的妈妈则对孩子做出恐惧的表情，但两组家庭的妈妈都不说话，目的是看看母婴之间能否通过表情沟通。结果发现，孩子会在妈妈和玩具之间看来看去，最后，看到妈妈露出愉快表情的孩子大多会慢慢靠近玩具、接触玩具；而看到妈妈露出恐惧表情的孩子则会退缩，走到妈妈身边，甚至会哭起来。

这说明，在同样陌生的环境中，面对同样陌生的物品，妈妈传递出不同的面部表情信号，可以影响孩子做出趋近式的探索或回避式的防御，同时也说明孩子是完全能够读懂妈妈的面部表情的含义的。

值得一提的是，刚出生不久的婴儿是不怕生的，甚至见人还会笑，但孩子在成长过程中会出现一个怕见生人的阶段，心理学家将这种情况称为陌生人焦虑或陌生人恐惧。这说明，此时孩子开始有能力区分自己熟悉的监护人和不熟悉的陌生人的面孔了。陌生人恐惧是孩子的一种本能，也是孩子在成长过程中必经的一个阶段，父母大可不必因此担心孩子胆小，可以多引导孩子见见陌生人，并微笑自如地同对方交流，这样孩子慢慢就能理解自己正身处一个安全的场所，怕生的情况也会逐渐消失。

2. 手势与姿势表情

人的手势与姿势也可以用来表达情绪。

先说手势表情。在长期的进化过程中，人类发展出了丰富多样的手势，用以传达情绪。比如，人们通常会竖起大拇指表达赞赏，而倒竖大拇指表示否定；伸出小指表示鄙视，看不起；挥舞拳头表示愤怒和攻击；双手推出表示拒绝；拍巴掌表示开心……这些手势都表达了不同的情绪。很多时候，我们在言语上会有意识地控制情绪，但手势往往会直接表达我们内心的情绪。还有研究表明，人的许多手势表情和面部表情一样，都具有跨文化的一致性。

再说姿势表情，它主要是由手臂结合躯干、头部运动等传达情绪。例如，点头通常表达支持，摇头通常表达拒绝或不明白；双臂交叉抱胸可能表示怀疑或质疑；头和前胸后仰可能表示拒绝；侧身朝向对方可能表示自我保护、防御。相对而言，姿势表情的跨文化一致性略差，不同民族常常拥有富于自身特色的姿势表情，比如"耸肩"这个姿势在西方往往表示无话可说、无可奈何，但在东方文化中不常被这样使用。

3. 声音表情

声音也可以表达情绪，实现沟通的目的。我和我的意大利同行做过一个关于声音表情的研究，让中国与意大利的志愿者分别用各自的母语、不同的情绪读指定的文字资料，然后对其频谱进行分析。结果发现，虽然两国志愿者使用的语言不同，朗读的文字也不同，但二者表达通用情绪的声音模式却十分相似。这说明，人类通过声音表达情绪也是有共通之处的。

情绪可以实现跨文化沟通，甚至胜过文字语言。

影响认知

情绪可以干扰认知，这种观点可谓将情绪放在了理性的绝对对立面上，但情绪对认知也可以起到促进作用。有研究表明，良好的情绪可以提升人的注意力和思维敏捷度，让人更容易发挥自己的聪明才智，创造性地解决问题。

此外，情绪还有唤醒记忆的作用，即人在某一情绪下记住的东西可以在同样的情绪下更容易地被回忆起来。简单地说，情绪就像给记忆的内容打上了特定标签。

当然，人不能没有情绪，但也不能只有情绪。情绪之所以会影响人的认知，主要是因为在紧急情况下，人的大脑会像短路一样走"捷径"，遵循情绪优先的原则，只按照情绪的方法，而不是按照理性的方法来处理问题。这时，理性的参与就变得十分重要，"急中生智"说的就是理性的参与，只不过理性的参与需要时间，有时可能来不及。但是，失去了理性调节的情绪，就可能成为脱缰的野马，后果不堪设想，所以我们还是要尽可能地依靠理性调节好情绪后再来处理问题。当然，如果在紧急情况下，你不仅能用情绪，还能用理性来快速处理问题，就更完美了。

人如果没有情绪，就会像植物；但人如果只有情绪，就会像动物。

在不同的环境下，我们会做出不同的认知判断，进而产生不同的体验。为此，我们需要做出不同的应对行为；而做出不同的行为，往往又伴随着相应的生理反应。这些会形成不同的情绪表达，即不同的表情。情绪既有自己独特的意义和属性，也有其产生的决定因素，更有其不同的生理功能。了解情绪的这些内容，对于我们在生活、学习和工作中学会认知情绪、调节情绪将起到重要作用。

第二章

愤怒

第一节　愤怒是什么

愤怒是人的基本情绪之一，也是人类为了适应生存而进化的产物。想了解愤怒，我们就要从它的起源说起。

愤怒最原始的形式常常与搏斗、攻击等行为有关，这种情绪在动物和人类身上都存在，是一种原始本能。尤其是在动物或人类遭受伤害、侵犯或攻击时，就会引发愤怒情绪，同时伴有搏斗、攻击等行为。

愤怒的情绪表达

在人类身上，即使是在刚出生不久的婴儿身上，也会表现出明显的愤怒情绪。比如，当婴儿的食物被剥夺、躯体受到攻击，哪怕是行动受到限制时，都会引发他们的愤怒。这表明，人的愤怒是一种原始的、本能的情绪，不需要后天学习。显然，在这些事件中，当事人感到自己受到了冒犯或伤害，这种最初始的认知评价便诱发了愤怒情绪。

婴儿的原发性愤怒情绪也为我们提供了基本情绪典型的行为表达方式，即人在愤怒时，额头、眉毛会向内紧皱，目光紧盯着对方，鼻翼扩张，嘴张开，面部肌肉拉紧，同时会伴随大哭、大吼、大叫等行为。根据达尔文的观点，张大嘴巴、露出牙齿是人类或动物适应策略中典型的攻击表现，因为牙齿是重要的攻击武器，而张开的"血盆大嘴"也在表示威吓。

此外，愤怒情绪出现时，会伴有全身的生理体验和反应，如浑身肌肉绷紧、双拳紧握、心跳加快、呼吸又深又快——快速为肌肉供氧，同时会出现脸红脖子粗、浑身发热、青筋暴跳等典型表现。这些都表明我们的身体正在进入"战斗模式"，全身的能量都被高度调动起来了。

由此可见，愤怒是个人对受到的侵犯或伤害做出的情绪反应。如果用一句话来归纳，愤怒情绪的发生有着相应的认知评价、行为表达和体验反应。

没有无缘无故的怒，也没有无缘无故的恨。

随着人类不断社会化，愤怒情绪的表达方式也在不断被修饰，这种修饰被称为社会化修饰。比如，成人产生愤怒情绪后，不再张牙舞爪，而是做出咬牙切齿、摩拳擦掌等行为；以前愤怒时的捶胸顿足，变成了拍桌子跺脚；以前攻击对方的行为，则可能变成摔东西。这些经过社会化修饰的愤怒情绪的表达方式在成人中很常见，如图 2-1 所示。

图 2-1　两种愤怒的表情

　　左边照片上的人张开大嘴吼叫或攻击的模式，是比较原始的形态，也是反映愤怒情绪的直白的、不加掩饰的表情；而右边照片上的人嘴巴紧绷，几乎闭合，不像左边的人那么"张扬"，牙齿也上下咬紧，这就是成人表情社会化的一种表现。因为在社会规范中，嘴巴大张是不文雅的，但他又压抑不住自己的愤怒，所以只能用牙关紧咬来表达情绪，它所表达的意图仍然是撕咬、攻击等，就像我们常说的"咬牙切齿"的愤怒。与露出牙齿相比，你是不是觉得这样可以让人显得更有修养？

愤怒的特点

　　与其他情绪相比，愤怒有一个显著的特点，它往往酝酿着巨大的能量，具有相当强的冲动性和爆发性。其中，冲动性表现为不可遏制，失去理性（其实是不顾理性）；爆发性表现为突然火气上攻，瞬间翻脸。可见，愤怒这种情绪的愉悦度非常低，而激活度非常高，所以我们也称愤怒是一种"高热"情绪。这也提醒我们，不要轻易惹人发火，以免"引火烧身"。

美国心理学家理查德·拉扎勒斯教授指出，愤怒是最强有力的情绪之一，无论从个人体验还是从对人际关系的影响角度来说，都是如此。我国著名情绪心理学家孟昭兰教授也曾写道："愤怒的原型意义在于激发人以最大的魄力和力量去打击和防止来犯者，同时也会用于主动出击。"愤怒可以保护自己，具有防御作用。从这个意义上讲，愤怒具有"积极"的价值。

需要强调的是，引发愤怒情绪的事件往往都是负面事件，又称消极事件，愤怒则是针对这些负面事件或消极事件做出的否定，其目的就是要否定、消除这些负面或消极的事件，即"否定之否定"，因此愤怒的确切"头衔"其实是"否定性"情绪。而将愤怒与负面事件放在一起，就可能产生适应生存的"正面"意义，因为"负负得正"！

但是，愤怒的冲动性和爆发性也意味着很多麻烦，如难以调节、难以控制等，所谓"气冲牛斗""气得火冒三丈""怒不可遏"等，说的都是这个意思。这也容易造成一种后果，即人们可能会因为一些很小的事情发很大的火，不但显得很不得体，结果也很不值当。这就是愤怒情绪的因果非对称性，即为了一点小事动很大的怒；起因微不足道，结果却一发不可收拾。

不要被愤怒绑架，避免因小失大。

愤怒的积极作用

曾经有一项研究分析了一些企业家对他们的投资方表达不同情绪会有什么后果，结果发现，那些表达愤怒、恐惧和快乐等多种情绪的人，比那些只表达快乐情绪的人获得了更多的投资。而对此的相关解释是，愤怒的情绪可以表达一个人对某件事的关心程度，让人感觉这个人更真实、真诚，是真的很在意自己的事业。这项研究成果发表在 2021 年的期刊《商业投资》（*Journal of Business Venturing*）上。

心理学家发现，在体育运动领域，愤怒情绪产生的效应更为普遍。比如，期刊《运动与锻炼心理学》（*The Journal of Sport & Exercise Psychology*）就曾发表这样一项研究：让志愿者想象一个令他们感到非常烦恼的场景，随后测试他们的弹跳力，结果发现，他们的腿部力量变得更强。换句话说，愤怒使他们爆发出了更强大的力量。此外还有一项研究表明，志愿者体验到的愤怒水平越高，他们的投篮速度就越快，弹跳高度也越高。

这些研究都说明，愤怒情绪是一把双刃剑，利用不好会伤人伤己；利用得好，可以给自己带来力量。就像亚里士多德说的那样："谁都会发火，这很容易。但在恰当的时间，出于恰当的理由，以恰当的方式发火，就不容易——那是艺术。"

第二节　情绪社会化：愤怒情绪的形式和原因

　　人是社会性动物，社交能力也是每个人必须掌握的生存技巧之一。人们每天的沟通方式除了语言、文字，最能表达感受的就是情绪。比如，当我们感到不开心、不耐烦时，就会皱起眉头或加重说话的语气，与我们交谈的人就会感知到这些情绪，继而给予我们反馈。

　　然而，随着人类不断社会化，人不能再完全依赖和依据本能来做出各种行为，成人的情绪更是通过不断教育、教化而被社会化。各种社会道德规范、风俗习惯、价值观念及文化氛围等，对于人们如何对待和处理自己的情绪也产生了决定性影响。在这种情况下，人们感到愤怒时是否发动攻击，如何看待受到的攻击，以及如何看待可能引发愤怒的事件和情境等，都会受到社会化的影响。正如社会心理学家卡罗尔·塔夫里斯（Carol Tavris）说的那样，世界上所有人都会感到愤怒，但表达愤怒的方式则遵循他们各自的文化准则。

　　那么，我们要如何理解成人社会中的愤怒情绪呢？

　　亚里士多德曾这样写道："愤怒可以被定义为一种认识，即我们自己或我们的朋友受到不公平的冒犯，而这导致了我们的痛苦体验和复仇的愿望或冲动。"这个观点便体现了愤怒这种情绪的动机和认知作用。

为了更准确地了解愤怒情绪，心理学家对愤怒情绪社会化的形式和原因做了总结，认为其主要包括 4 种。

阻止和消除愤怒

拉扎勒斯教授指出，人之所以产生愤怒情绪，是因为遭受了伤害、损失或威胁。而愤怒的目的，恰恰是阻止这类事情的发生。因此，愤怒的动机之一其实是要阻止和消除愤怒，这也被称为情绪的"目标不一致性"。如果将这种现象概括一下，就是：愤怒不是为了愤怒，而是为了不再愤怒。

不过，愤怒的这个动机不仅仅出于本能，即使在复杂的成人社会，它也有一定的适用范围。比如，我们常说的"人不犯我，我不犯人；人若犯我，我必犯人""是可忍，孰不可忍""以守为攻"等，在处理群体乃至国家之间的冲突时，这些就是捍卫正义的重要动机。

又如，贩毒等事件是法律禁止的，人们对它"零容忍"；同样，在工作单位里，人们对一些不合理的规定或不好的行为，如排挤、打压、职场霸凌等现象，也都会感到非常愤怒，甚至会进行集体抗议。所谓"嫉恶如仇"，就是这类表现。

当然，在处理寻常的人际矛盾、冲突时，我们对愤怒的产生、理解、约束和调节就变得非常复杂。比如，你不能随意攻击别人；即使受到了别人的攻击，你也要按照法律和约定俗成的社会规范予以应对，而不能基于本能的反应和原则做出回应。这就造成了成人愤怒情绪的高度复杂性和难以调节性。

对动机的解释

在日常生活和工作中，我们对每一个事件的评价都会影响我们的情绪。有时即使一些情境会给我们带来挫败感或某种损失，我们也不会表现出愤怒。拉扎勒斯教授对此给出了解释。比如，商店收银员让我们排队等待很长时间，是因为顾客很多，大家买的东西也很多，收银员工作量太大。因此，收银员让我们等待较长时间并不是出于敌意，也不是不恰当的行为，所以我们不会对他产生愤怒——哪怕你对当前的处境很"愤怒"，但你的认知评价会告诉你：收银员是无辜的。

又如，有人撞到了你，你转身刚要发火，但看到对方是残障人士坐在轮椅上，怀里还抱着不少东西，被挡住了视线，这时你也不会发火，因为你知道他是无意的。

这些事情都告诉我们，即使发生了对自己不利的事情，甚至是自己受到了伤害，我们也并不必然会产生愤怒，因为我们对事情的发生原因或动机做出了恰当的认知评价。做出正确的认知评价也是约束我们愤怒的一个重要方式。在这个过程中，并不是理性战胜了情绪，而是理性和情绪本来就可以做朋友，从而和平共处。

因此，当你突然遭遇一件令你想要发火或表达愤怒的事情时，不妨先试试分离一下这部分愤怒情绪，理性思考一下，对那些引起你愤怒的事情的动机做出更合理的解释。如果这个动机是情有可原、能说服你的，那么你的愤怒情绪也会得到一定程度的缓解。

选择性地释放

愤怒情绪社会化与个人尊严、保留脸面等也有关，因为人是社会性动物，如果一件事让我们感到羞辱、颜面尽失，在众人面前感到无地自容，那么我们就会非常愤怒。在这种情况下，尽管我们没有受到躯体上的伤害，但我们的社会性利益受到了损害，这在我们的心理上也会造成巨大的伤害。当然，如果只是一个无伤大雅的小玩笑，就没必要大动肝火了。

愤怒情绪还容易"欺软怕硬"。很多时候，人们会根据具体的情境和引发愤怒的对象来评估自己是否有能力向对方发火，是否有能力通过发怒打击对方。如果遇到的是弱者，那么就很容易爆发愤怒，出现攻击行为；但如果遇到的是强者，知道斗不过对方，发火也是自讨没趣，这时就会选择性的"忍气吞声"。

此外，愤怒情绪还有一种释放方式，那就是"找替罪羊"。当搞不定强者时，人们可能会转而寻找弱者来发泄自己的愤怒情绪，尽管对方可能是无辜的。比如，一些人在单位受了气，不敢向领导、同事发火，回到家后就拿孩子或家里的宠物撒气。这时，成人的行为会像小孩子一样，缺乏理性的控制，心理学上把这种行为称为"退行性行为"，意思就是成人无法正常地按照社会化的规范和策略克制情绪，理性地解决问题，而是倒退成像儿童那样采取幼稚的方式来宣泄自己的情绪。

值得注意的是，愤怒情绪社会化的另一个特点就是愤怒的情绪也可以是针对自己的。比如，有时我们会非常懊恼于自己做出了不恰当、不明智、不理性的行为，追悔莫及，于是就把自己作为愤怒攻击的对象，严重时甚至会做出自残行为。这涉及人对自己的行为和行为标准之间的比较和认知评价，有些人习惯给自己设置很高、很严格的社会化标准，一旦达不到，就无法接受自己或无法原谅自己，继而对自己产生愤怒的情绪。

这一现象就解释了很多种情绪产生的原因。人们对于事物和行为的解释标准、解释方式不同，产生的解释结果也就不同，因而也会引发不同的情绪反应。在一些人看来可能无足轻重的事，在另一些人眼中就是很严重的事，因而也可能引发其极大的愤怒。比如台球名将福克斯，他因一只苍蝇的骚扰而导致比赛失败。如果当时他能冷静下来，理性地评价分析，事情的结局可能会完全不同。

首先，一代台球大师和一只苍蝇较什么劲呢？那不过是一只虫子，你跟它发怒置气，只会有失身份，降低自己的人格。

其次，你要的是冠军，应该集中精力应对比赛，而不是和一只小苍蝇大动干戈，因小失大。

最后，就算这只苍蝇很可恶，就算它做了天大的坏事，你也不必愤怒，你完全可以用其他方法解决。比如，让裁判或工作人员去处理它。

再退一步来说，不妨幽默一下：这应该就是对手技不如人才找一只苍蝇来"碰瓷"我，我可不能让他得逞！

这样解释，事情是不是就没有那么严重了？

对公平的感知

公平是维系人际关系、社会正常运转的基本法则，一旦这个法则被破坏，就容易引发愤怒。但是，现实中的每个人心中都有自己的一杆秤，每个人对公平的判断是不一样的，这导致了很多问题。

比如，一些公司到年底会发奖金，一发奖金可能就会"乱"——总有人感觉不公平，他们还可能发火、愤怒，甚至抗议。这是因为当人们对某件事的认知评价为不公平时，体验到的是一种社会性利益的相对损失。

每当这种时候，公司管理者都很困惑："我明明已经给大家发了奖金，他们不但不领情，还抱怨发火？真是不识抬举！"事实上，心理学研究指出，人们衡量公平与否并不是只看自己获得的绝对报酬，而是更看重自己获得的相对报酬。也就是说，大家不只是看公司发了多少钱，还要对比自己现在和过去得到的，对比自己和其他人得到的，对比之后再来衡量是不是相对公平。如果不是，他们就会感到愤怒。

有趣的是，在以前不富足时，人们工资不高，也没有奖金可领；而现在逐渐富足了，收入水平大大提高了，人们经常领到奖金，但个体收入也因此拉开了差距。为此，人们也更容易产生不公平感。这其实遵循了一个心理学定律：不患寡而患不均。

表面上看，愤怒似乎帮我们解决了一些问题，至少发泄情绪后自己就不那么愤怒了；但问题可能只是在表面上得到了解决，形成问题的深层次原因可能仍然存在，问题的底层逻辑没有改变，类似的问题将来还可能发生。所以，即使愤怒情绪在当时得到了一定的释放，也并不必然能给我们带来真正的帮助，我们还是要学习和掌握管理愤怒情绪的方法。

第三节　如何管理愤怒情绪

　　面对愤怒情绪，很多人不知道该如何控制和管理它，在愤怒情绪来临时，不管是强行压抑还是任其宣泄，都有可能导致各种各样的问题。比如，让自己感到痛苦，说一些让人后悔的话，对身旁的人大吼大叫，甚至出现一些暴力行为。

　　尽管当时的愤怒情绪可能令人忍无可忍，但当愤怒的感觉太频繁或太强烈，或者以不健康的形式出现时，愤怒就会成为问题，甚至会对身体、心灵和社会造成伤害。

　　所以，我们不但要了解愤怒情绪，还要学会管理愤怒情绪，用更加合理、健康的方式表达愤怒。

保持良好的身体状态

　　不知道你有没有发现，在日常生活中，我们体内有时会有一股无名之火蹿出来，但这股火与身边的人、与现场的其他因素等没有特别直接的关系，可我们就是按捺不住这种怒火中烧的感觉，莫名其妙地就想发火。这是为什么呢？

　　原因就是身体状态本来就不好，身体就像一捆干柴一样，任何一点小事都会像一个小火苗一样将怒火点燃。

身体不适、生病的时候，或者工作繁忙、压力大的时候，人会感到非常疲惫，也容易不耐烦、上火。如果你在这种身体状态下处理重要的事情，或者进行需要消耗脑力或情绪的人际交往，如参加重要会议、谈判、公关、销售、教育等，就要特别小心了。

心理学上有个概念叫"情绪劳动"，它与我们常说的体力劳动、脑力劳动等不一样，它既不需要用体力，也不需要用脑力，而是要用心，要按照规定的方式做出极大的情绪控制和调节，形成指定的行为表达和内在体验，这样才能达到工作要求。比如，一些从事销售、客服、公关、人力资源等工作的人，每天需要和各种各样的人打交道，也常常会遇到各种刁难。在这种情况下，他们必须付出很大的情绪努力，哪怕对方在发火，也要赔着笑脸。要想做到这一点，必须具备良好的身体状态。同样的道理，克制愤怒、调节愤怒，也是一种艰难的情绪劳动，需要以良好的身体状态为基础。

人在睡眠不足、休息不充分时，身体状态就会受到破坏，从而导致愤怒情绪显著增加。为了证实这个观点，心理学家做过以下研究。

研究者招募了 142 名社区居民作为志愿者，并将他们随机分为两组：一组是正常睡眠组，保持之前的睡眠习惯，大约每天睡 7 小时；另一组的睡眠则受到各种刺激的干扰，如刺耳的噪声。研究结果表明，这些干扰会影响人的睡眠质量，睡眠受到干扰的这组志愿者变得更容易愤怒或者愤怒程度更高。这个研究于 2019 年发表在期刊《实验心理学》（*Experimental Psychology*）上。

2021 年，期刊《睡眠》（*Sleep*）上还发表了一项针对澳大利亚青少年的研究成果。当被测试的青少年连续 5 个晚上睡眠时间不超过 5 小时时，他们的愤怒值、糊涂感及抑郁倾向显著增加，精力损耗严重，人显得非常疲惫。更值得注意和重视的是，这种状况无法通过"补觉"弥补和修复。比如，这组志愿者随后连续两天持续睡 10 小时，仍然无济于事，志愿者并不能迅速恢复为良好的心理状态。

以上研究再一次表明，充足的睡眠可以起到克制愤怒情绪的作用。

在职场上，有些管理者和员工经常熬夜加班，有时甚至连续数日熬夜，或者每天睡眠时间都很短。这种做法其实为他们埋下了愤怒的种子，他们在工作中也很容易表现出烦躁、焦虑等状态，对别人的意见听不进去，对合理的建议置若罔闻，甚至在出现不同意见时直接冲撞对方。表面看来，他们的工作时间增加了，工作似乎更高效了，但熬夜加班导致的情绪问题反而不利于工作的顺利进行。

所以，不论在生活中还是在工作中，我们都要学会休息，学会适当地放松自己，让身体保持良好的状态，这样才能有效地控制愤怒情绪；并且只有这样，我们才不会因为愤怒的情绪而影响自己、影响他人、影响工作。

管理愤怒情绪的建议

愤怒情绪经常会给我们的生活带来阴霾，那么有没有管理愤怒情绪的方法呢？

答案是有。

美国著名心理学家丹尼尔·戈尔曼（Daniel Goleman）博士在自己的著作《情商》一书中，提出了关于管理愤怒的 3 条建议。

1. 认知解释方法

认知解释方法是说，我们要重新对触发愤怒的原因和想法做认知评价，并设法获得缓和性的信息和线索。

前文曾提到，人们在发火的第一时间对事物和场景做出的评价，或者叫初级评价，可能是失之偏颇的。这时，再认知、再评价就显得非常重要，它可以帮助我们调整对最初引发愤怒的事件的看法，改变事件和自身的关系，这样愤怒的情绪自然就化解了。并且再认知、再评价越早、越迅速，化解愤怒情绪的效果就越好。如果在情绪爆发之前就做出了新的认知评价，就可能阻断愤怒情绪。

举个例子，公司做晋升制度调整会导致一些人的利益受到影响，他们可能发现自己以后晋升越来越难，这时就会非常恼火。但冷静下来仔细想想，他们发现新的制度可能更有利于公平竞争，竞争制度更加科学，更多有才能的人可以得到重用，也更有机会胜出，这同时也更有利于组织发展。这么一想，他们就会心平气和了。

2. 摆脱环境，冷处理

当突如其来的愤怒袭上心头，言辞冲撞与歇斯底里只会让局面更糟。此时，最关键的是先离开引发愤怒的环境和对象，让自己冷静下来，同时设法分散注意力，让自己先快乐起来。

人在愤怒时，体内的肾上腺素分泌增加，因此会感觉热血沸腾，怒火中烧。这时，我们先要在生理上恢复平静，否则别人说什么也没用，因为人在不理性时是听不进去任何道理的。有一个简单有效的冷静下来的方法，就是自己对着镜子笑一笑，这时会感觉心情好一些。心理学家还用实验说明了这种方法奏效的原因：人的面部产生笑容是一种特定的肌肉活动模式，它可以向大脑传递相应的信号，激活大脑快乐的神经反应。

另外，愤怒时让自己分散一下注意力，转而去想一些或做一些让自己开心的事情，也是一种不错的缓解愤怒情绪的方式。比如，约上几个好友一起畅聊，吃自己喜欢的食物，阅读自己喜欢的图书……这些都可以帮助我们调整心情，让我们变得快乐起来。人在快乐的时候就不会再愤怒了，所以快乐也是愤怒最好的融化剂。

这种"冷处理"隔离法适用于各种场景。比如，听说孩子考试成绩很糟，那么回家的第一时间就不要和孩子接触，可以给自己留出10～15分钟，先一个人冷静一下，想想生活中开心的事情，或者想想孩子做过的可爱的事情，让自己快乐起来，然后去理性地思考与孩子沟通的策略。

只有当我们控制好情绪，能够心平气和地面对问题时，我们才能把事情处理好，也才能摆脱坏情绪的泥沼。

3. 书写宣泄法

虽然愤怒情绪可能会给我们带来许多麻烦，但在生活和工作中，我们也大可不必时时刻刻都压抑自己的愤怒，因为长期压抑怒火只会让我们积聚更多的愤怒，这不但会损害我们的健康，最后这些长久积聚的愤怒一起爆发出来，也更加难以收场。

所以，在合适的时机，选择合适的方法，将内心的愤怒情绪宣泄出来是很有必要的。我在这里介绍一种比较有效的方法——书写宣泄法。

书写宣泄法是一种行为疗法，它是指我们在成为愤怒情绪的俘虏之前，先把那些让我们感到愤怒的事情写下来，通过奋笔疾书，表达自己对这些事情的愤怒，这时愤怒情绪自然就被宣泄出来了。同时，通过书写，我们还能明确感到愤怒的原因、理由，以及对愤怒的看法和体验等。最终，这些将会引导我们对整个愤怒事件进行再认知和再评价，有利于我们恢复理性。

举个例子，有一次，美国前陆军部长斯坦顿气呼呼地找美国前总统林肯告状，指责另一位将军侮辱他。林肯听后，表现出很同情他的样子，还建议他写一封信"回敬那家伙一次"，并说在信里可以狠狠地骂他一顿。于是，斯坦顿立刻写下一封言辞激烈的信，写完后还拿给林肯看。林肯看完后，高声说："好，写得好！就要狠狠地教训他一顿！"斯坦顿听完就把信叠起来，准备装入信封寄给那位将军。林肯却阻止他说："这封信你不能寄走，赶紧把它扔到炉子里吧！我每次生气时写的信都是这么处理的。这封信写得很好，你在写信时已经解了气，现在感觉好多了吧？那就请你把它烧掉。如果还没解气，你就再写一封。"

书写是一种文明、理性而高级的情绪宣泄方式，当心情不好、感到愤怒时，我们就可以通过信手涂鸦、写日记、写博客等方式达到宣泄情绪的目的。当然，这需要修炼。正如戈尔曼博士所说，很多时候，发怒是一个人的本能，而制怒就是一个人的本事了。

不要成为自己愤怒情绪的牺牲品。

训练自我控制能力

以上管理愤怒情绪的策略，通常都可以用在情绪一触即发的应急场景下。除此之外，我们平时也可以训练自我控制能力，增强调节愤怒情绪的能力。

心理学家托马斯·登森（Thomas Denson）等人做过一项研究，

其成果发表在 2001 年的期刊《人格研究》(*Journal of Research in Personality*)上。他们招募了 90 名志愿者，并随机将他们分到实验组和对照组中。其中，实验组参加了为期两周的自我控制训练，具体内容包括：每天早晨 8 点到晚上 6 点，要使用自己的非习惯手执行一系列任务（即平时习惯用右手，实验时就要用左手，左手就是"非习惯手"），如刷牙、开门、操作鼠标、端起杯子喝水等，并且每隔两天就要完成一篇日记。按规定，完成日记的人会得到奖励，以此强化自控习惯。说白了，就是让这些人学会忍受琐碎的要求带来的烦恼，学会与其和平相处。人们在不得不使用非习惯手去做一些琐碎的事情时，很容易体验到烦恼、厌倦等情绪。而这样的训练是实验有意设计的，目的是让志愿者离开舒适圈，接受各种磨炼与挑战，锻炼他们抵抗厌烦情绪和意外挫折的能力，在"自我折磨"中增强自我控制能力。

那么，效果怎么样呢？

两周后，所有志愿者一起参加了一项测试反应速度的竞赛任务，其中一个关键的设置环节是：每次志愿者在比赛中获胜时，一名由工作人员假扮的志愿者就会故意向他们发出噪声起哄、喝倒彩，目的就是看看这些志愿者是否会有不同程度的愤怒反应。而随后的测试结果显示，相对于对照组的志愿者，那些经过自我控制训练的实验组的志愿者可以更好地控制自己的愤怒情绪，做出的攻击行为比较少。

这一结果表明，仅仅经过两周的有意识训练培养出来的自我控制能力，就可以迁移到对愤怒事件的认知评估能力和应对反应之中。这也提醒我们：平时一点一滴的磨炼对控制情绪都是有帮助的。我们在平日里也可以尝试运用实验中的方法，有意识地锻炼自己的自我控制能力，从而帮助自己提高情绪调节能力，让自己少一些愤怒，多一些平和。

总之，作为人类所具有的一种基本情绪，愤怒总被人们视为负面的、需要消除的情绪，这也许是因为愤怒常常与破坏性结果（如侵略、暴力等）联系在一起。但是，从进化角度讲，所有基本情绪在特定环境下都是有意义的，愤怒也不例外。因此，如何表达愤怒情绪，减少其带来的负面影响，对我们来说才更重要。比起隐忍不发或肆意宣泄，我们更应该学会恰当地管理和调节愤怒情绪，让愤怒发挥出一定的积极作用。

第三章

恐惧

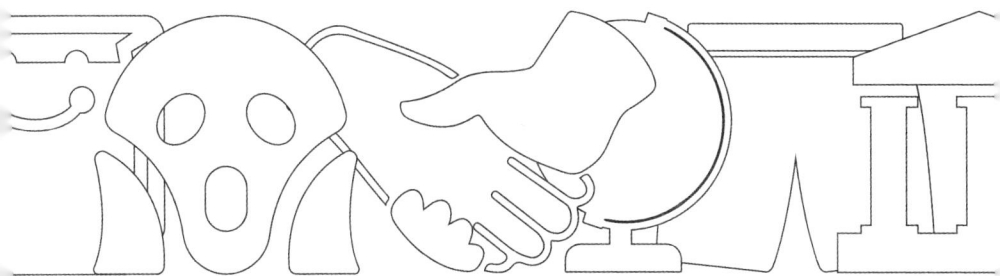

第一节　什么是恐惧情绪

　　恐惧是与生俱来的，也是每个人都有的一种情绪。如果要给恐惧下个定义，它是指人们对一个事件做出的危险性认知评价，以及由此产生的强烈的生理反应，如冒冷汗、浑身颤抖、心跳加快、呼吸急促却很浅（因为吓得不敢喘大气）、肌肉僵硬，同时伴随一定的躯体反应，如回避、逃跑等。从这个定义我们可以看出，恐惧第一位的适应作用就是识别危险，引发回避反应，让人远离危险。从这个角度讲，恐惧情绪具有适应生存的积极意义。

恐惧的典型特征

　　我们来看下面这张照片，如图 3-1 所示。

图 3-1　恐惧的表情

图 3-1 表达出来的就是典型的恐惧情绪。我们从图 3-1 可以看出，人在恐惧时，眉头紧皱，并且会抽紧拉平；眼睛张大，上眼睑向上、向内拉；瞳孔放大，这是为了获得更多采光和监视场景。同时，人在恐惧时通常脸颊上蹙而颤抖，嘴角使劲儿向后咧，这表示后撤、退让的意思。在严重恐惧时，人面部的各处肌肉都会很紧张，但牙齿却会松劲，表示放弃反抗。

恐惧是一种具有强效应的情绪，会给人的认知、思维和行动等带来显著影响。情绪心理学家孟昭兰教授曾在《情绪心理学》中写道："在所有基本情绪中，恐惧具有很强的压抑作用。在强烈的恐惧情况下会形成狭窄的直觉管道，大部分视野是'盲'的。恐惧使人的思维缓慢、活动范围变窄、活动刻板，使肌肉紧张，行动僵化，思维的灵敏度大大下降。"这些都是恐惧这一原始的基本情绪所具有的典型特征。

恐惧的副作用

恐惧情绪中最主要的成分是紧张和冲动。一方面，人在恐惧时全身会高度紧张，所以恐惧也是激活水平最高的一种情绪。比如，"吓得喘不过气来""吓得浑身发抖"等，这些生理模式如果频繁出现或长期存在，人就会处于高度应激模式，继而影响身心健康，逐渐耗尽生理、心理能量，甚至感到绝望。

另一方面，恐惧还伴有强烈的冲动反应，如我们常说的"慌不择路"。人在恐惧时，行动主要被本能反应控制，理性思维已经僵化或被排挤。

从以上分析也可以看出，过度的恐惧是具有自我伤害的副作用的。拉扎勒斯甚至认为，恐惧是所有不愉快的基本情绪中最有害的，因为强烈的恐惧会使人产生剧烈的心理反应，而这种反应甚至会威胁到人的生命。

恐惧情绪还具有"动机放大"的作用。仍然以在水里憋气的实验为例，当我们在水中憋气时，恐惧就会放大我们对氧气与能量的需求，或者放大呼吸不到空气的威胁程度，放大无法应对缺氧的可能性，因而我们会"怕得要死""被吓死了""吓破胆了"。这些都说明，极度的恐惧情绪对我们的身心具有极大的破坏力。

很多文献记载表明，面对一些特大灾难，如海难、大地震等，一些人没能坚持到最后而活下来，并不是因为死于突然而至的创伤，而是因为极大的恐惧或绝望导致整个人崩溃了。所以，恐惧也被认为是一种"目的不一致"的情绪，或者叫"目的背反"的情绪。简单来说，恐惧的目的是消除恐惧，摆脱引发恐惧的事件或情境。

这样说来，我们该害怕时还是要害怕，因为只有害怕了、恐惧了，才会产生行动去消除令人害怕和恐惧的事件或情境，从而继续生存下去。否则，一个人什么都不怕，连该怕的事情也不怕，在荒郊野外遇到一只大狗熊也不马上逃离，那得有多危险啊！

此外，人类还会因为恐惧而产生敬畏之心，继而约束自己的行为。

否则，面对险恶的生存环境却没有丝毫的敬畏心，恐怕以后连怕的机会都没有了。比如，有些人喜欢攀岩，却在没有任何经验、基本的登山知识和专业训练的情况下，贸然行动，很可能会惨遭不幸。又如，有些人不知道大海的凶猛和威力，不知道海底暗流的危险，偏要跑到禁止游泳的危险水域游泳，结果葬身大海。所有这些都是"无知无畏"的后果。

第二节　引发恐惧的因素

人们会对不同的事物产生害怕、恐惧的情绪。比如，有的人看到蜘蛛会吓得尖叫，有的人看到蛇会吓得两腿发抖，还有的人一旦处于黑暗的环境，就会不由自主地浑身哆嗦，感到恐惧。

由此我们可以看出，在生活中，引发恐惧的因素多种多样。如果要总结一下，这些因素可以分为以下三大类。

生理性因素

生理性因素是导致恐惧发生的最常见因素之一，它主要包括因疾病或受伤而产生的剧烈疼痛，在无法应对、难以忍受这种疼痛时，人们就会感到非常恐惧，甚至不知道这样的恐惧会引发什么样的后果。

比如，有些癌症患者感到自己的生命受到威胁，因此十分害怕。这种恐惧会和疾病一样威胁到生命本身，破坏他们的免疫系统，使他们以比预想中更快的速度丧失对疾病的抵抗能力。结果，他们可能会在本不该死亡的时候死去。换句话说，真正夺走他们生命的可能不是疾病本身，而是他们对疾病的恐惧。

心理性因素

人们面对未知事件缺乏应对的经验和能力时，尤其是面对一些刺激或突发事件时，如自然灾害、人为祸患，包括大地震、山洪暴发、泥石流、瘟疫、战争等，往往会引发本能的恐惧。但有时真正令人恐惧的事件并没有发生，但人们却预料到可能会有危险，或者感到不确定、无法预料，这时人们也会感到恐惧，这种恐惧也属于心理性恐惧。比如，一个人走夜路或山路时，不知道会发生什么事情，就会越走越害怕。

自己吓唬自己也会引发恐惧。在面对高度模糊、不确定的情境时，缺乏经验的人或受过伤害的人就容易胡乱猜忌，疑神疑鬼，表现出强烈的恐惧情绪。如果这种情况持续存在，人得不到解脱，那么恐惧就会演化为焦虑，也就是对未来未知情境的担心和恐惧。

此外，还有一些事件会引发人天然的、本能的恐惧，如孤独。小孩子通常很害怕孤独，需要大人的陪伴。老人也害怕孤独，因为他们可能随时会面临自己无法应对的危险，需要有人在身边照顾。

社会性因素

一些社会性事件也会成为引发恐惧的刺激源，如父母离异、转学、学校考试、单位业绩考核……都是有可能引发恐惧情绪的特殊事件。

为什么有些人恐惧离婚？因为他们害怕面对失去伴侣后的孤独生活；为什么转学会引发孩子的恐惧？因为他们害怕不能与新的老师和同学融洽相处。为什么有些孩子害怕考试？其实孩子害怕的不是考试这件事本身，而是害怕因为考试成绩不好而被父母训斥、惩罚，或者害怕面对他人的嘲笑。为什么一些成人害怕单位的业绩考核？因为一些企业对失误零容忍，只许成功，不许失败，或者虽然鼓励创新，但失败的责任却要求员工来承担，这些都会导致员工担心考核结果不理想而遭到领导、同事的羞辱、耻笑，因此变得谨小慎微，生怕出错……这些都体现了人们害怕遭到社会的拒绝、否定和排斥的心理。所以，这些恐惧也与社会文化倾向、社会习俗有着很大的关系。

　　其实很多时候，人们之所以恐惧，往往是出于"不理性"的想法而对未知事物心怀忧虑和不确定。简单来说，就是把所有注意力都放在了那一点点让自己感到恐惧的事物上，低估了自己的应对能力和容忍能力，高估了所恐惧事物的影响，使它变成自己的全世界，却忽略了自己的世界还有很多种可能性。

第三节　应对恐惧的方法

恐惧情绪除了包含害怕、担心，还暗指某些不明之物在前方等着我们。前方究竟有什么？不知道。它们会不会对我们造成很大的伤害？不知道。它们是不是在我们的控制范围内？依然不知道。所以，真正令人恐惧的通常不是具体的事物，而是这些事物对我们来说可能是模糊的、不可控的，或者是我们不愿意看到的，这使我们深陷不确定之中，且预期自己难以应对。这些才会令我们心中充满恐惧。换句话说，恐惧有时不是来自事物本身，而是来自内心某种不安的预期。就像美国前总统富兰克林说的那样："我们唯一需要害怕的，就是害怕本身。"

不过，这并不意味着恐惧就无法应对和消除。心理学认为，改变对恐惧的认知，或者矫正对恐惧的认识，或者运用恰当的行为干预，是可以在一定程度上缓解和消除恐惧情绪的。

缓解恐惧的认知方法

每个人都会有感到恐惧、害怕的时刻。比如，一个人走夜路时，一个人待在一个封闭的空间时，或者是面对一些突发事件，如有猛兽突然出现在面前时。而这一切恐惧都是基于自身对未知对象的不了解和无法掌控。虽然恐惧源于未知，却可以终于认知。我们改变对恐惧的认知或者矫正对恐惧的认识后，就可以根据恐惧的性质、原因和类型以及可能造成的后果来应对恐惧。

为了应对恐惧，我们可以从以下 3 个角度认知恐惧，继而找到缓解恐惧的方法。

1. 弄清诱发恐惧的因素

我们希望克服恐惧时，就要通过外部资料、他人的言论、过往事实等，利用自己理性的大脑，分析恐惧的发生和初始过程，弄清诱发恐惧的因素，然后寻找应对方法，而不是在面对恐惧时一味地退缩。要知道，恐惧就像沼泽，你越挣扎，就会陷得越深。

所以，在面对恐惧时要先用理智告诉自己，一味地恐惧是无济于事的。我们知道，人在恐惧时会依赖本能反应，如尖叫、逃跑。虽然有时这些方法是短暂有效的，但在大多数情况下是无效的，它们要么导致僵化，无法灵活应对问题，要么造成逃避问题。这时，我们的行为主要由大脑新皮层下方一些"原始"的神经结构——"中古皮层"来指挥，它会使我们按照本能做出反应，也就是"快思考"，但这是不明智的。只有尽快让自己冷静下来，将应对事件的指挥权交给大脑，即理性思考，我们才有可能摆脱恐惧。

我们要认清一个事实：恐惧是本能反应。遇到某些事情产生恐惧情绪是正常的，但恐惧情绪的本意是发出警报，让我们启动相应的应对措施，消除引发恐惧的因素，而不是被吓呆或者不理智地应对恐惧。

2. 评价恐惧事件与自己的关系

有些时候，自己与恐惧事件的关系也会影响应对方法。所以，在遇到令人感到恐惧的事件时，我们可以问自己：我恐惧的事件是专门针对我个人，还是针对所有人？比如，一场自然灾害就不是针对个人的，而是针对同一环境下的所有人的，大家都面临同样的情景，这时就不必一个人害怕了，而且自己一个人害怕也没用，要大家团结起来想办法解决才行。

如果这个事件是针对个人的，就应该问：为什么我会感到害怕？是我做错什么了吗？如果不是因为自己的错误而引发的事件，那么无须恐惧，坦然面对即可；如果是个人的错误引发的事件，就要去积极改正错误。

在这些情况下，如果我们能重新评价恐惧并寻找解决问题的方法，恐惧自然也就消除了。

3. 判断恐惧事件可能带来的后果

在面对恐惧事件时，我们也可以评价一下这个事件可能带来的后果。比如问问自己：这个事件最坏的后果会是什么？我们能否应对或承受这一最坏的后果？如果最坏的后果没有出现，那么是不是算幸运？如果发展到最坏的结果，我们有没有相应的应对方法？

在理性评价后，如果发现自己有应对最坏的后果的方法，就没什么可恐惧的了；如果没有，那么我们至少也可以断定：事情已经到了极限，不会更糟了，此后无论怎么发展，都只会慢慢好起来。这样应对，我们的恐惧感也会降低。

事实上，只要我们对生活充满希望，就不会被恐惧吓倒。金庸小说《神雕侠侣》中经典的一幕就是小龙女跳下断肠崖，在绝情谷中生活了 16 年。她虽然身中奇毒，与世隔绝，但从未放弃，而是积极想办法驱毒治病，最终也得以生存下来，还见到了自己心心念念的杨过。虽然这只是小说中杜撰的情节，但在现实生活中这类事件也屡见不鲜。比如，在唐山大地震、汶川大地震等特大灾难中，有些人在废墟中甚至可以坚持八九天，这些幸存者克服了内心的恐惧，尽可能地降低能量消耗，保持冷静，等待救援队伍的到来。这时，支撑他们最大的心理力量就是希望，正是希望帮助他们驱散了恐惧。所以，希望是比恐惧更强大的心理力量。

恐惧事件固然可怕，但更可怕的是对恐惧的恐惧。

消除恐惧的行为疗法

应对恐惧不仅需要认知上的调整，还需要行动上的改变，这种改变就是行为疗法。

关于消除恐惧的行为疗法，有很多著名的实验，其中就有一个"系统脱敏疗法"，它可以消除因恐惧造成的神经症。最早验证这种方法的学者，是美国行为治疗心理学家约瑟夫·沃尔普（Joseph Wolpe）。

沃尔普是用猫来做这个实验的，他先利用条件作用——恐惧联结和习得，让猫对一个铁笼产生恐惧。具体的做法是把猫关进一个铁笼里，并且每次把猫关进去的时候都对猫施加电击，让猫感到非常难受、非常恐惧。这样反复几次，猫就形成了习惯性恐惧，一旦被关进铁笼里，即使没有受到任何电击，猫也会异常恐惧，焦躁不安。

那么，怎样验证猫是因为恐惧而得了神经症呢？

沃尔普发现，把猫关进铁笼后，即使不对它实施电击，而是给它一条它最爱吃的鲜鱼，它也不会去吃这条鱼。换句话说，猫只要进入这个铁笼，就会感到恐惧，连鱼都不吃了。这说明，在这样一个令它恐惧的环境中，它已经失去了正常行为。沃尔普把这种现象称为实验性神经症。

怎样治疗这种神经症，才能让猫不再对这个铁笼感到恐惧呢？

沃尔普尝试了系统脱敏疗法。具体做法如下。

先把饿了很久的猫放在距离铁笼很远的地方，猫一看到那个铁笼，就会产生不安反应。这时，把鱼拿给猫，一开始猫仍然不肯吃鱼，但毕竟被饿了好几天，加之又距离铁笼很远，所以挣扎了一会儿后，猫耐不住饥饿，还是过去吃鱼了。这时，说明猫已经对远处的那个铁笼没有那么恐惧了。

第二次仍然让猫饿很久，然后把铁笼放在距离猫稍微近一些的位置。刚开始，猫看到铁笼后还是会非常不安。把美味的鲜鱼拿给猫时，猫一开始很犹豫，但经不住诱惑，没过多久就吃起鱼来。

就这样不断重复这个步骤，每一次都让猫距离铁笼更近一些，直到最后把猫关进铁笼，猫仍然可以很坦然地吃鱼，不再对铁笼心存恐惧。

这说明，当猫不再受到电击时，通过上述步骤就能使其消除对铁笼的恐惧反应：猫本身不会对铁笼感到恐惧，它是在经典条件作用下，将铁笼与可怕的电击相联结，形成了对"铁笼代表电击"这一痛苦事件的条件反应，铁笼成了让猫感到恐惧的信号；而当猫不再把铁笼与电击相联结时，"铁笼代表电击"这个关系联结就消失了，猫又开始慢慢建立铁笼与美味的鲜鱼的关系联结——每次看到铁笼，不久之后就能吃到美味的鲜鱼。

当旧的条件作用的习得性瓦解了，新的条件作用的关系就会建立起来，这就是著名的系统脱敏疗法。我们利用这种方法可以成功地消除和治疗恐惧神经症。

在现实生活中，有些人对幽闭的空间，如小黑屋、封闭的电梯感到恐惧，甚至是晚上睡觉关灯都会有恐惧反应，这些都属于恐惧神经症的表现。其产生的原因通常是早期偶然的条件作用所形成的神经反应。对于这些反应，我们都可以通过系统脱敏疗法进行治疗。

举个例子，现在很多孩子一提到学习就感到恐惧，原因可能是平时成绩不好，经常遭到父母的痛斥和责骂，被吓到了。遇到这种情况，父母就可以采用类似于系统脱敏的方法，帮助孩子重新建立起对学习的正确认知：将学习与快乐的信号、快乐的方法、快乐的奖励相结合。比如，经常对孩子的学习行为给予奖励等正面的回应，这种奖励既可以是物质奖励，也可以是精神奖励，或者是行为上的奖励，如和孩子一起做游戏、带孩子旅游等。不要过分在意学习的结果，多关注孩子学习的过程和自觉性，这样慢慢孩子就会系统脱敏，不再对学习感到恐惧，也不再觉得学习总会带来可怕的遭遇，从而重新喜欢上学习。只要孩子爱上学习，就会产生内生动力，也就可以"无须扬鞭自奋蹄"了。

这也提醒我们，平时要善于把生活、学习和工作变成一条通往快乐的路，而不是恐惧的旅程。当这一切与快乐相联结后，恐惧便不再是我们的障碍。

不要害怕恐惧，恐惧是成长的必经之路。

第四章

痛苦

第一节　什么是痛苦

与愤怒、恐惧这两种常见的否定性原始基本情绪相比，痛苦这种情绪更加常见，也更加普遍。之所以说痛苦也是原始的、本能的、基本的情绪，是因为痛苦几乎从人一出生就已经发展出来了，是不需要经过任何后天学习就能获得的。只要人感到身体不适，如生病、饥饿，或者感受到外部刺激时，如强烈的光线、刺耳的声音、粗暴的触碰，或者是受到各种物理伤害时，都会感受到痛苦。

如果要给痛苦下一个定义，它是指人对于自身遭遇不适、伤害或损失的状态的认知评价，并且会伴随着强烈的不愉快的、高度激活的体验，以及强烈的行为反应。人一旦陷入痛苦之中，最常见的表现就是因为极度难过而撕心裂肺地哭喊，眼睛是没有光芒的、半睁的；眉头和眼角紧蹙，相关部位的肌肉高度紧张；嘴巴大张，宣泄难过的情绪并引起周围人的注意。

痛苦的作用

一提到痛苦，很多人都唯恐避之不及，却不知道它也有自己的作用。比如，痛苦可以挫伤我们的优越感，打消我们的傲气；痛苦可以让我们对其他受苦的人心生悲悯；痛苦还能让我们看清事情的真相，知道什么事该做、什么事不该做……这些都可以让我们获得更多、更强大的适应力。

1. 获得同情和帮助

　　人在痛苦时做出的表情，无论声音表情还是面部表情，都有利于获得周围人的同情和帮助，从而缓解痛苦，甚至还可能因为他人的帮助而消除痛苦的根源。

　　对他人的痛苦表示同情、提供帮助，这是一种重要的社会能力，有一项心理学研究证实了这个观点。

　　研究者招募了一些志愿者，然后向他们播放了 4 段内容不同的录像，每一段时长都是 1 分钟左右。在每段录像中都有一个少年犯和一位社会工作者在交谈，4 段录像的区别在于少年犯表现出不同的情绪状态，一段是痛苦的，一段是愤怒的，一段是快乐的，还有一段是中性的、不带有任何情绪的。经过甄别和鉴定，这 4 个少年犯有过同样严重程度的犯罪行为。

　　看完后，研究者请志愿者判断一下，这 4 个少年犯的罪行应该得到什么程度的惩罚。结果发现，志愿者判断展示出痛苦表情的少年犯应该得到的惩罚程度较轻。这表明，少年犯的痛苦表情博得了他人的同情，尽管他所犯罪行的严重程度与其他 3 个少年犯是一样的。

　　同情是对他人痛苦的回应，也是一种高级的、复杂的情感，在人类社会中发挥着重要影响力。我国著名情绪心理学家孟昭兰教授对此有过精辟的论述，她说："经常得到社会和他人同情与支持的人，能从中学会更信任人，懂得更真诚地帮助别人，更具有同情心，更易于理解他人和乐于助人，也更具有勇气面对现实，更勇于实践，对挫折和失败具有更强的忍受力和韧性。他们将更能忍受痛苦，在有信心和爱的感受中体验痛苦，在温暖中忍受痛苦，以更乐观而开朗的态度对待生活和困难，增强生活的勇气和信心，这是人格塑造至臻完善的途径之一。"

2. 学会忍受

痛苦是一种可以忍受的情绪。我们常说的"忍气吞声""苦水往肚子里咽"等，说的都是这种情况。

虽然忍受痛苦不好受，但其有着积极的作用。在这个过程中，人的性格、意志、注意力等都可以得到磨炼。忍受痛苦还可以增强耐力，并能帮助自己做好心理准备，使自己愿意为更大的挑战和成功忍受更多。

当然，忍受痛苦也会产生一定的消极作用。一个人一旦习惯于痛苦，就容易变得麻木，对一切都不感兴趣、无动于衷，也不愿意积极地寻求消除痛苦的方法，那么这个人就会渐渐变得被动、消极、颓废。

3. 进行动力转化

问你一个问题：如果人没有了痛苦，世界将会变成什么样？

对于这个问题，美国著名心理学家西尔万·汤姆金斯（Silvan

Tomkins）是这样回答的：那将是一个没有快乐、没有爱、没有家庭、没有朋友的世界。

一个人的期望越多，遭遇的痛苦就越多；一个人拥有得越多，生命的负重就越大，需要承担痛苦的可能性也会越大。因为拥有必定意味着失去，而失去伴随着痛苦。所以，人类社会中是不可能没有痛苦的。有些人面对痛苦时会选择消极回避，甚至用死亡来逃避，这就是所谓的"痛不欲生"。死亡或许是结束痛苦最简单的方法，但也是最痛苦、最无效的方法。实际上，只要有生的欲望，就免不了痛苦，你也可以这样理解：人是为了痛苦而生的。既然如此，我们就应该正确地看待痛苦，转化痛苦的感受，使痛苦成为鞭策我们前进的动力。首先，痛苦情绪的正面促进意义是引导出一种动机，使人化悲痛为力量。也就是说，人们接受痛苦，敢于直面痛苦，能够忍受痛苦，但绝不沉溺于痛苦，而是积极寻求自救方法，把痛苦转化为新生活的动力。这样，生命才会变得更有力量、更有价值。其次，痛苦不仅使人更有力量，还能使人更机智。"吃一堑，长一智"，就是告诉我们要善于面对每一次失败，在痛苦中认真总结经验教训，从而提炼出迈向成功的方法和策略。如此一来，痛苦就成了迈向成功的催化剂。

苹果公司创始人史蒂夫·乔布斯（Steve Jobs）小时候被生父母弃养，这是一件令人痛苦的事；长大后，乔布斯创立了苹果公司，后来因为种种原因被公司开除，这也是一件令人痛苦的事；之后，乔布斯又不幸患上了绝症，这更是一件令人痛苦的事。但是，他每一次都没有绝望，而是努力从痛苦中挣脱出来，一路向前走、向上走。乔布斯的经历告诉了我们一个道理：生命的意义并不在于它的长度，而在于它的内容。

总之，痛苦的经历可以让我们成长，也可以成为我们前行的动力，关键就在于我们怎样转化它，让结果变好。

生命的分量，是以你克服了多少痛苦来衡量的，是以你战胜了多少苦难来度量的。

心理学有时会将痛苦和哀伤做特殊的划分，痛苦（distress）侧重于个人体验，哀伤（sadness）侧重于人际功能。如果痛苦的情绪一直得不到缓解，它就会转化为哀伤，它就成了一种无可奈何的求助情绪。人在哀伤的时候，表情有所变化，情绪激活水平降低：眉头和内眼角上蹙，外眼角向外耷拉，使得整个眉毛和眼睛区域呈 A 字形；嘴角下咧，下嘴唇和下巴紧蹙。这些表情都表示当事人在祈求同情、帮助和援救。

哀伤产生的一类原因与依恋和失落有关。人类在生存过程中，除了有食物需求和生理需求，还有情感需求，从而形成依恋关系。人在出生后不久，建立的第一种依恋关系就是与自己的照料者，通常是母亲或其他亲人之间的关系，这种关系持续的时间越长，对一个人的影响越深刻。一旦亲人离开，人就会陷入哀伤的情绪，也叫"分离痛苦"。并且，对于这种情绪，他人单纯地进行语言上的劝说是无用的。

第二节　引起痛苦的因素

我曾在网上看到这样一个问题：一个人痛苦的根源是什么？

有个高赞回答是，"每个人的一生都会遭受两支箭的攻击：一支是外界射向你的；另一支是自己射向自己的。真正伤害你最深的，是后者。"

这个回答是说，人生不如意之事十有八九，但那些不如意之事，绝大多数都是自找的。就像卢梭说的那样："我们的悲伤，我们的忧虑，我们的痛苦，都是由自己引起的。"

这些说法看起来都很有道理，但如果从心理学角度讲，引起痛苦的原因要比这些复杂得多。归纳起来的话，引起痛苦的因素主要包括生理因素、物理因素、心理因素和社会因素等几个方面。

生理因素或物理因素

当人类处于婴儿期时，引起痛苦的因素主要是生理因素或物理因素。其中，生理因素包括生病、疲劳、受伤等，物理因素主要是指外界的一些物理刺激，如噪声、强光、黑暗、拥挤、空气污染等，这些因素都会使婴儿感到痛苦。即使是成人，在以上因素的影响下，也会产生一定的痛苦情绪。

但是，随着人不断成长，受到心理、社会化的影响越来越多，引起痛苦更多的因素便从生理因素和物理因素转变为心理因素和社会因素。

心理因素

很多心理因素都可以引起痛苦，如分离、失去自己心爱的人或物品等，都会导致极大的痛苦。

分离所引起的痛苦，可以发生在一个人人生中的任何阶段。比如，年幼的孩子和父母分离，孩子就会产生强烈的情绪反应——分离痛苦。成人无法与自己的家人相聚，这种分离也会导致巨大的痛苦。

需要引起注意的是，婴幼儿的分离痛苦如果不能得到妥善解决，可能会导致其日后习惯性地缺乏安全感或是过度地自我保护和防御，不愿意主动探索外部世界，对外界缺乏信任。所以，如果条件允许，还是尽量不要让年幼的孩子与父母分离。

此外，失去家园、失去亲人、失去财富等，也都会让人感到非常痛苦。比如在战争年代经历家毁人亡、妻离子散，这种残酷的遭遇会给人带来极大的痛苦，也可以说是对人性极大的摧残。在电影《白毛女》中，杨白劳因为欠债过不了年关，只得拿女儿抵债，他难以忍受失去女儿的痛苦，最终被逼至死；而女儿喜儿失去了父亲这个唯一的亲人，同样体验到了巨大的痛苦，以至于逃入深山，年纪轻轻，一头黑发全都变白了。

社会因素

痛苦除了来自生理因素或物理因素以及心理因素，还有可能来自社会因素，也就是社会、文化和经济环境所带来的困难和压力，如被排斥或被拒绝、遭遇失败等。

如果一个人被亲人、朋友、恋人、同事甚至其他群体所排斥或拒绝，就会感受到巨大的痛苦。要知道，得不到他人的理解和同情，不被他人接纳，是一种严厉的社会性惩罚。比如，一个孩子被同班同学拒绝、冷落，或者平时一起玩的朋友忽然不待见他，不和他一起玩了，他会非常难过。当遭到这种社会性的排斥而感到痛苦时，孩子可能就会扑到妈妈的怀里痛哭。

成人的世界更是如此。在工作单位，人一旦遭到同事的排挤，受到领导的打压，或者被周围人拒绝，便会感到痛不欲生。

有一部日本电影《被嫌弃的松子的一生》，讲的是松子的学生龙洋一在一次学校组织的旅行中，偷了旅店的一笔钱。松子在调查时发现了龙洋一的行为，但为了帮助自己的学生，松子拿出自己的积蓄还给了旅店。没想到旅店老板不依不饶，非要逼着偷窃者出来道歉，松子没办法，只好"承认"是自己拿了钱。没想到，这一幕被教导主任看到了，教导主任生气地大骂松子，还把事情告诉了校长。松子没办法，只好向龙洋一求助，谁知龙洋一不但没有站出来澄清真相，还当场反咬一口，说是松子威胁自己出来顶罪的。最终，松子失去了工作，人生也自此一落千丈。

这类事情只是成人在社会上遭受的痛苦之一。成人感到痛苦时往往无法像孩子那样扑到妈妈怀里痛哭一场，大多数时候只能自己压抑情绪，默默忍受。

另外，学业上或事业上的失败，或者达不到自己或社会要求成功的标准，也会让人极度难受，从而体验到无法接纳自己、无法认可自己的痛苦。有时候，失败会被看作现实与理想预期出现的差距，会令自己难以接受，并且越是拒绝接受，就越感到痛苦。

这里有两个需要注意的问题。

首先，不同的人定义失败的标准不同，体验到的痛苦也不同。比如，公司破产了，这种失败是大家普遍都能认同的。但有些人设定的失败标准并没有绝对的意义，如一篇文章没写好、一次报告没做好，就自认为很失败，但别人可能不以为意。

其次，人对失败的认知不同，痛苦体验也会不同。有些人把失败看成是暂时的，是走向成功的一个环节，所以对痛苦的体验感不会很强；而有些人可能会把一次失败看成终结，就像被宣判了死刑一样，这时其体验到的可能就是极度的痛苦了。在必要的时候，后者可能需要心理治疗介入，以帮助自己应对痛苦，摆脱痛苦情绪带来的负面影响。

没有所谓绝对的失败，不要让自己被失败绑架。

第三节　如何应对痛苦

每个人在一生中会遭遇各种各样的痛苦，如病痛、失恋、失去朋友和亲人、失业、创业失败……这些都会给我们带来很多伤痛，使我们深陷痛苦情绪。在必要的情况下，寻求心理医生的帮助是个好主意，但同时我们也要学会自救，学会自己去应对痛苦。

关于应对痛苦的方法，我在这里给大家推荐两种，分别为改变认知和改变行为。

改变认知

改变认知是应对痛苦的一种方法。当我们换一个角度看待同一件事时，产生的感触也会发生改变。

如果你的一生都平平淡淡、顺心如意，那么恭喜你，你的生命就像一条安安静静的小溪，有一种恬静的美；如果你的人生充满了痛苦，到处都是坎坷，而你每一次都能从坎坷中挣脱出来，不断向前，那么也恭喜你，你的生命就像一座巍峨的大山，有着壮丽的美。

长篇小说《钢铁是怎样炼成的》的作者奥斯特洛夫斯基成功地塑造了保尔·柯察金这个人物。保尔出身于贫困的铁路工人家庭，年幼丧父，家里靠母亲做零工维持生计，后来他自己做杂役，受尽了凌辱。十月革命后，他接受了老红军的教育，年纪虽小却十分英勇，为了救人还被关进了监狱。后来他加入红军，在战斗中头部受了重伤，好不容易才从死神手里抢回来一条命；他参加过艰苦的铁路建设，又和心爱的姑娘决裂；后来他感染了伤寒，再一次与死神擦肩而过。这些痛苦的经历令他身体越来越差，最后全身瘫痪，双目失明，失去了工作能力。他还产生过自杀的念头，但他最终没有放弃自己。他开始口述自己的经历，请人代为记录，以这样的方式成为作家，开始了崭新的人生。

保尔的人生经历告诉我们，我们经历的每一次痛苦都是对心灵的撞击、对人生的修理，应对好了，我们就能变得更加强大。因此，我们要学会改变对痛苦的认知，从痛苦这种否定的情绪中挖掘深刻的生命意义。

从未经历过痛苦的生命就像一张白纸，而经历过很多痛苦却依然站立着的生命，那是一本厚重的书。

改变行为

采取行动、改变行为也是一种非常有效的应对痛苦的方法。下面几种简便易行的行为都可以在一定程度上帮助我们缓解痛苦的情绪。

1. 社交

如果是被拒绝、被抛弃导致的痛苦，那么获得接纳、建立人际连接、营造亲密的人际关系，就可以有效地缓解痛苦。即使痛苦是由生理因素或物理因素造成的，家人和朋友的陪伴也可以有效地缓解痛苦。这就是我们经常说的那句话：一份快乐与人分享，就成为两份快乐；而一份痛苦与人倾诉，痛苦就会减半。所以，我们要学会主动建立良好的人际关系网络，多结交朋友，一旦遭遇痛苦，他们就会成为我们最好的陪伴者和帮助者。

人际关系网络是抵御痛苦的天然屏障。

2. 体验

有实验研究表明，体验他人的痛苦与成功，有助于提高我们对疼痛的耐受力。这个实验是这样做的。

实验人员招募了一群志愿者，让他们接受痛苦测试，具体方法是用绑带式血压计测量他们的血压。实验人员捏动气囊制造压力，让志愿者的胳膊感受到疼痛，这时记录下志愿者能够承受的最大压力。随后，志愿者又被随机分为3组，并认真体验阅读材料中主人公的经历。其中，第一组志愿者拿到的阅读材料讲述了主人公倒霉的、悲惨的经历；第二组志愿者拿到的阅读材料讲述了主人公不断奋斗最终获得成功的经历；第三组志愿者拿到的阅读材料没有任何感情色彩，只涉及主人公的日常琐事。3组阅读材料的字数差不多。

接下来，实验人员再次测量志愿者对血压计压力的耐受程度，结果发现，阅读中性材料的志愿者所能承受的压力水平显著下降。相对这一组而言，无论阅读了痛苦经历的志愿者，还是阅读了成功经历的志愿者，所能承受的压力水平都更高。

这个实验说明，我们看到他人经历着巨大痛苦时，就会觉得自己正在忍受的痛苦不算什么，由此提高自己对痛苦的耐受力；同样，我们看到那些成功人士是如何克服困难最终成功时，会更有动力承受痛苦的压力，表现得更加顽强，希望自己能像他们一样获得成功。这也再一次证明了艾伯特·班杜拉（Albert Bandura）教授所说的，观察学习可以带来榜样的力量。

痛苦是人生的手术刀，它给你的人生留下了疤痕，却使你变得更加坚强。

3. 助人

帮助他人也可以提高自己对痛苦的耐受力。我的北京大学的同行谢晓非教授的团队就通过研究发现了一系列证据证明了这一观点，他们的研究成果发表在《美国科学院院刊》（*Proceedings of the National Academy of Sciences of the United States of America*）上。下面我们来了解一下这些研究证据。

在地震现场的献血者在抽血扎针时感知到的疼痛程度，要显著低于不在地震现场的献血者。

自愿为打工子弟无偿修改阅读材料的志愿者相比没有助人意愿或行动的志愿者，在疼痛测试中也会表现出更高的疼痛耐受水平。

在一项先后两次检测疼痛耐受水平的实验中，志愿者被随机分为两组——助人组和对照组。其中，助人组得知，只要填写问卷，自己就能为地震灾区赢得 10 元的捐赠，并可以亲手将钱放入捐赠箱内；而对照组得知，只要填写问卷，自己就能挣得 10 元。也就是说，两组的行为是一样的，区别只在于这一行为是否帮助了他人。结果发现，助人组志愿者在第二次测试中疼痛耐受水平更高。

实验者还在医院邀请肺癌四期以上的患者进行了为期一周的干预：每天为病友打扫公共区域，参加一次膳食营养分享会，为病友精心准备食谱。结果也发现，这组有助人行为的患者的疼痛耐受水平也显著高于对照组患者。

这些实验研究结果都说明，当我们做出对他人、对社会有利的行为时，自己就能从痛苦中得到些许安慰和解脱。这就是生命的升华。

在现实生活中，尽管很多痛苦都是无法避免的，但只要我们行动起来，还是可以找到很多能够增强疼痛耐受力、减少痛苦的方法的。如果我们是因为被他人拒绝而感到痛苦，那就想想可以做些什么改变自己，让自己变得更优秀；如果我们是因为失去了至爱亲朋而痛苦，那就想想他们最希望我们做些什么，然后积极地去做；如果我们是因为遭遇失败而感到痛苦，那就想想用什么办法可以弥补现实与理想之间的差距，继而努力改变现状。当我们积极行动起来后，痛苦也会逐渐从我们的生命时空中消退。

如果总在意痛苦，那么痛苦就会成为生活的主题；如果把注意力放在如何获得成功上，痛苦不过就是插曲。

无论如何，当我们在生活、学习和工作中遭受痛苦时，我们看待自己、他人乃至整个世界的方式可能都会发生改变，但我们也要知道，这些情绪都是自然产生的，却不一定是永久的。只要我们能够正确认知痛苦，弄清引起痛苦的原因，就可以找到很多帮助我们应对和摆脱痛苦的方法，重新回归有意义的、充实的生活。

总之，办法总比困难多，应对痛苦也是人生必经的一关。其实，困难就像一本书，别老盯着一页看，快点翻，很快就过去了。

第五章

快乐

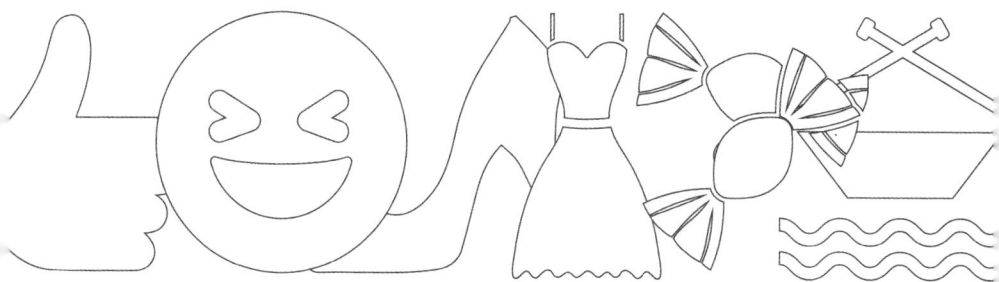

第一节　什么是快乐

快乐是一种最重要的"愉快"情绪，是人们对自己和环境的状态产生了舒适、满足、接受的评价，相应地感受到了享受的、惬意的体验，躯体乃至整个身心都处于以放松为主的生理状态和行为反应之中。

快乐也是唯一一种具有愉快、肯定色调的基本情绪，不过，它的内涵却是非常丰富且包罗万象的。我们常说的开心、愉快、喜悦、欣悦、欢喜等，都属于不同程度、不同状态的快乐。

快乐的表情

快乐的面部表情就是我们常说的"笑脸"。人在笑的时候，额头是平展放松的——在所有的基本情绪里，快乐也是唯一一种额头肌肉没有任何动作的情绪；眼睛也是放松的，脸颊向上提起，眼睛跟着"眯"起来；嘴角上拉，下巴也会放松，整个嘴形就像一弯月亮。所以，我们在形容一个人笑得开心时，常常会说"笑眯了眼""笑开了花""笑得合不拢嘴"，这些都是十分贴切生动的形容。

人们都喜欢看笑脸，喜欢看快乐的表情，这样自己也能跟着快乐起来，感到温暖。心理学家做过这样一个研究：让 4 个月大的婴儿和

6个月大的婴儿都来观看成人的3种表情照片，照片上的面孔分别为愉快的、愤怒的和无表情的。结果发现，婴儿注视愉快面孔的时间最长。这说明，即使很小的孩子也会表现出对笑脸的偏好。

在生活和工作中，家人之间、同事之间、上下级之间，不仅要以礼相待，也要经常以笑容来温暖对方。我走访调研过很多企业，经常看到一些企业在办公区或过道里挂上员工微笑的照片，它们通过这样的"员工微笑墙"展示员工开心的笑容，营造温暖的职场氛围。

我们都喜欢"笑脸相迎，笑脸相送"。有一家酒店开展过"百日微笑服务"活动，就是希望服务人员能把微笑带给顾客，把温暖送给顾客，让顾客产生宾至如归的感觉，因为笑容代表了"家的温馨"。

同样，我们去商场购物时，也希望买得开心，而不愿意"花钱买罪受"。如果服务人员拉着脸，脸上一点笑容都没有，那么我们即使再想花钱买东西，最终也有可能放弃。

俗语说"和气生财"，指的就是笑容聚人气。笑容是最温暖的力量，再冰冷的铁石心肠也会被其融化。如果把每个人的笑容都合在一起，就能温暖整个社会。

快乐的形式

快乐的形式有很多种，每个人对快乐的定义不同，所以对快乐的感受也不同。有些人觉得能吃饱穿暖就会快乐，有些人觉得被认可、被肯定、被欣赏才会快乐，还有人觉得牺牲自我、奉献他人才能快乐……这些都属于快乐的不同形式。而从心理学角度讲，快乐可以分为以下 3 种形式。

1. 原始形式

快乐的原始形式是开心，这种表现可以追溯到婴儿期。刚出生不久的婴儿，在吃饱、喝足，处于非常舒适的状态时，就会露出甜蜜的微笑。这是一种自然的情绪流露，也是"开心""享受""愉悦"的感觉。这时，人对自我和环境都是满意的、悦纳的，产生了肯定的评价，并且伴有舒适的、惬意的心理体验和躯体感受。

2. 最高形式

快乐的最高形式是幸福，是快乐的情绪加上自我接纳、自我满足、自我肯定和自我欣赏的认知评价而形成的复合情绪（或情感），也是快乐经过社会化改造、升华而来的高级情感。

我们可以举个例子来说明一下快乐的初级形式和高级形式的区别。

很小的孩子如果帮助妈妈捡起了掉在地上的东西，妈妈会很开心，这是快乐的初级形式，但如果你说"妈妈很幸福"就不太恰当；而如果孩子经常表现出懂事的样子，不仅可以生活自理，还总帮助妈妈做事，妈妈看到孩子在一天天地成长，会感到很欣慰，感觉自己对孩子的辛勤养育终于有所回报，这时妈妈会很快乐，而这种快乐就是幸福。

在公司也是一样。比如，某一天中午你很忙，同事帮你取了餐，你会很开心，但你不能说"很幸福"。但是，如果你所在的公司里，员工之间都互相帮助、团结友爱，领导对下属也关怀备至，公司各项制度都公平公正，你长期在这样的氛围里工作，就会感到很幸福。

由此可以看出，开心和幸福是有区别的，就如同前文所讲的情绪与情感的区别。开心是一种相对的、随时来去的、即时的情绪状态。相比来说，幸福则是一种持久的、稳定的情感状态。

这种区别在我们平时的语言中也有所体现。比如，我们经常说的"开心一刻"和"幸福岁月"。其中，"一刻"指的是分分秒秒，而"岁月"指的则是经年累月，显然它们在时间长度上是不一样的。

3. 特殊形式

快乐还有一些极其特殊的形式。

比如，公司"双十一"进行大促销，员工们为了冲业绩一起加班，看着纪录不断刷新，大家一起体验达到巅峰状态的感觉，就是一种超然的快乐。

又如，很多人喜欢挑战极限，玩各种极限运动，这也是一种极其特殊的快乐。

还有一些医护人员，临危逆行，冒着生命危险，也要奔赴一线救助他人，把他人从死亡边缘挽救回来，这也是一种特殊形式的快乐。

在平时的工作中，也普遍存在着这样的快乐。比如，人们经常说

"苦中有乐"，即工作虽然很辛苦，压力也很大，但随着工作不断向前推进，我们不断获得成果，不断接近目标，不断体验到自身的能力越来越强、成就越来越高，就会越来越快乐。由此也可以看出，快乐其实是自己创造出来的。相反，如果你经常偷懒，贪图一时的享乐，那么将来可能就要尝到加倍的辛苦。

这就是生活中快乐的辩证法，快乐和苦难从来都是辩证统一的：只有懂得苦难的人才知道快乐的意义。

今天吃的苦，将来由快乐来还；今天享的乐，将来由苦难来偿。

快乐的功能

每一种情绪都有其特定的功能，快乐也不例外。相信你一定有过这样的感受：当自己很快乐时，做事往往会更专注，效率也更高，同时身体也更健康。俄国心理学家 K. 柯克契耶夫针对人在快乐与不快乐思维中的状态做过实验，结果发现，人在快乐的思维中时，嗅觉、味觉、视觉、听觉、触觉等都更加灵敏。

可见，快乐对人来说大有裨益。如果要总结，我认为快乐的以下3个功能体现得最为明显。

1. 打标签

快乐具有打标签的功能，它能标识我们的身体正处于舒适、愉快的状态，表示我们获得了或正在获得自己所期望的东西，也表示我们对自身的满足和对环境的接纳。这主要是因为快乐的情绪促使我们的大脑分泌了某些激素，使我们处于欣然爽快的状态。它向我们自身和外界发出的信号就是：我很喜欢和享受现在的状态。

在亲子关系中，这种信号尤为强烈。如果是孩子处于这种状态，那么父母就会很开心，也很放心；如果是父母处于这种状态，那么孩子也会很安心，知道自己现在是安全的。

2. 促进社交

拉扎勒斯教授指出："快乐是一种具有很强的社会吸引力的情绪，人们都喜欢和快乐的人在一起，会避免和不快乐的人在一起。"

快乐的情绪状态具有很强的人际感染力，也就是使人正能量气场很足，让别人也跟着快乐起来，由此促进社交。并且，这种情绪状态还会促使人们"更慷慨，更热心，更豪爽，豁达而畅快地向他人提供自己的资源"。这也说明了为什么我们总是容易被快乐的人吸引，愿意与他们共事。

3. 影响认知

快乐还会影响人们的认知。一般情况下，快乐会促进问题的解决，这一点在小孩身上就有所体现。比如，一个 1 岁多的小孩在快乐的状态中，进行认知活动或学习行为技能的效果更好，对知识和技能掌握得也更快。"寓教于乐"说的就是这种情况。这说明，在快乐的状态下，人们更乐于学习和探索新知识，更容易体验收获感。并且，快乐还有助于我们克服在学习中遇到的困难，使我们更愿意坚持下去。

快乐的这些功能在游戏中的体现更加明显。例如，小朋友们一起跳皮筋。首先，它是一个活动量相当大的运动项目，能引起相当大程度的生理唤醒，影响具体的生理状态，使人感到开心。其次，这种活动通常都是集体活动，大家一起跳皮筋，由此促进了人际交往与情感发展。最后，它也会影响认知，如怎么玩、怎么跳，有哪些更新鲜的玩法，以及如何制定规则、如何维护规则等，这些都需要大家一起动脑筋、想办法。

事实上，无论玩游戏还是做其他自己喜欢的事情，快乐都可以提供动力，让人们去从事各种智力活动和社交活动，增进社会联结，建立友谊，并且身心得到更多的锻炼，获得更多的技能和成长，也获得更多的自我肯定和社会接纳——而所有这一切，又会给人们带来更多的快乐。

因此，对人生来讲，快乐也意味着更多的肯定和正面的意义。

生活的意义，不仅在于拥有多少快乐，更在于是否拥有获得快乐的能力！

第二节　快乐产生的原因

"快乐都雷同，悲伤千万种"这一说法，不知你是否认同？其实这句话是在偷换概念，"快乐都雷同"，说的是快乐的结果状态；"悲伤千万种"，说的却是悲伤的原因。这句话反过来说也没毛病，"快乐千万种"说的是快乐的产生可以有很多原因，而"悲伤都雷同"说的是悲伤都有同样的结果。

在现实生活中，有很多这样偷换概念的说法，如果不懂点儿心理学知识，我们可能就被这些话忽悠了。但不论如何，快乐都是我们喜欢的状态，也是我们追求的目标。当我们的身心获得某种满足时，我们就会感到快乐。

本能得到满足

本能和感觉水平上的因素是快乐产生的重要原因。比如，我们对食物、水、氧气等本能的需求得到了满足，就会身心舒适，产生快感。再如，柔和的光线、悦耳的声音、扑鼻的香味、忙碌过后的休闲、运动锻炼后的热水浴等，也都可以为我们带来感觉水平上的快感。

不过，人是社会性动物，人的这种社会性也赋予了快乐更复杂、更丰富的内涵。我们尽情地发挥自身能力后也会感到非常快乐。比如，完成建设性的、有益的活动时，我们会很快乐；技能获得增长、学习进步、工作中创新成功，或者是展示了自身才艺、在体育竞赛中发挥了优势时，我们也会很快乐。

此外，好的人际关系也能为我们带来快乐。人的社会性决定了人需要被社会认可、被他人接纳和赞赏，也需要从社会中得到信任和依靠。一旦人际关系被破坏，自己被社会拒绝，我们就会感受到巨大的痛苦，快乐自然就会远离我们。

获得好的认知评价

在日常学习和工作中，如果你取得了不错的成绩，获得了老师和领导的肯定和表扬，我相信你的内心一定是快乐的。或者在过生日时，你在朋友圈发了一些庆祝生日的照片或视频，下面有很多朋友、家人点赞祝福，这时你也会很快乐。为什么这样的社会性事件会让人感觉快乐呢？

拉扎勒斯教授认为，快乐取决于人的认知评价。当你对某件事的认知评价是好的、积极的、正面的时，你就会感到快乐。得到老师和领导的认可、被朋友和家人关注和祝福，这些事很容易得到我们好的认知评价，我们因此而感到快乐也就成了很自然的事。

但是，对有些人而言，好事未必会带来快乐；而对另一些人而言，坏事也并不必然引起痛苦。人的思想是很复杂的，所以一些客观指标并不能直接决定一个人快乐与否。比如，在一些人眼中，那些物质条件好的人一定很快乐，但实际可能并非如此，因为在后者的认知中，这些物质条件都是再寻常不过的，根本无法给自己带来本能上的满足或社会性上的满足。相反，一些物质条件没有那么好的人，却有可能自我感觉良好，感到幸福快乐，因为他们觉得自己劳有所获，对现在的生活很知足。也就是说，幸福和快乐是一种主观上的心理度量，与客观的生活条件没有直接的联系。

这也印证了这样一句话："快乐是一种选择。"用心理学知识来解释这句话就是：幸福是一种叠加认知的高级、复杂的情感。

相对阈限

人们几乎都认同一点：快乐源于我们认为获得了或正在获得自己所期望的东西，或者我们在实现目标的路上取得了实质性的进步。

这里说的"进步"是相对的。比如，你只有 1 元钱，再给你 1 元钱，你就会很开心；如果你是亿万富翁，那么即使再给你 1 万元钱，你也未必开心。这是因为相对的基线水平发生了变化，体验快乐的成本就大大增加了。这在心理学上被称为"相对阈限"。其中，"阈"的原意是"门槛"，这里指体验到快乐（或任何感觉）的最低量变程度。

在企业里也是这样，要想管理好一个企业，必须了解人的"相对阈限"。比如给员工发工资，如果一个员工的月薪是 2 000 元，那么加薪 200 元，加薪幅度为 10%，员工会很开心。但如果一个员工的月薪是 2 万元，你给他加薪 200 元，他可能会很生气，因为这个幅度太小了；即使给他加薪 10%，也就是加 2 000 元，他也未必开心，因为员工的期待变得越来越高，对加薪幅度的要求也会变高，即相对阈限高了。这也就能解释，为什么企业给一些员工发的薪资明明很高，却仍然留不住人。

对一些人来说，一件小小的好事并不能给他们带来多大的快乐，因为他们的整体生活条件是比较优越的，这点小事不会给他们的生活带来多大的改变，所以他就不会感到有多欣喜。

此外，我们正沉浸于一件快乐的事情时，也有可能很快就感觉不快乐了，因为在认知预期上，快乐的事情或场景即将结束，想到这些，我们反而会感到悲伤。比如，每到周五下班的时候，想到第二天就可以休息了，很多人会很快乐；周六能尽情地休息，他们也会感到快乐；但到了周日，假期即将结束，快乐的感觉就不那么强烈了，甚至一想到第二天就要早起上班，重新开始一周的忙碌工作，他们还会感到有些难过。

这就是快乐的辩证法。除了以上案例，还有"福祸相依""乐极生悲"等比较极端的例子。当然，在大多数情况下，我们的工作和生活总是平淡的，但平淡之中也总有欣喜和慰藉。要想让自己被快乐和幸福包围，我们就要经常把那些能让自己高兴、开心的事情看在眼里、记在心上。

第三节　获得快乐的科学研究

问你一个问题：你认为一个人拥有的金钱越多，就越快乐和幸福吗？

这是一个很古老的问题。在有些国家，人们更愿意相信这种观点，但也有人对此持怀疑态度。有研究发现，对那些特别富有的人来说，更多的金钱并没有什么特别的意义；而对那些物质匮乏的人来说，他们也并不奢望有很多钱，因为他们觉得生活就这样了，再好也好不到哪儿去，再坏也不会变得更坏。

还有一些人属于第三种情况。比如，有些人的幸福观和金钱观是相对分离的。比起金钱，他们往往更看重其他，如健康、亲情、友情等。换句话说，对他们来说，构成快乐和幸福的因素很多，金钱只是其中之一，并非唯一。

其实，即使是那些认为钱越多就越幸福的人，最终也会发现这一观点是有悖于现实的。诺贝尔经济学奖得主丹尼尔·卡内曼（Daniel Kahneman）教授及其同行总结了大量的心理学研究成果，继而阐述了一个很重要的现象，即所谓钱越多越幸福其实是一种错觉。他们的文章发表在《科学》上，这一观点也被认为是 21 世纪最重要的幸福研究结论。

我举个例子来解释一下这项研究。

如果我突然问你："你最近过得怎么样？开心吗？"你可能一时无从说起，只回一句"怎么说呢？还凑合吧"或者"这话从何说起？还可以吧"。接下来我再问你"最近涨工资了吗？"或者"最近发奖金了吗？"，这时你通常很容易就能给出比较具体的答案，因为有就是有，没有就是没有，回答起来并不难。

以上两段对话似乎没什么关系，你针对第一个问题给出的答案并不影响第二个问题的答案。但是，如果把两个问题的顺序颠倒一下，我先问你最近有没有涨工资或发奖金，再问你最近过得怎么样、开不开心，而如果这时你刚好涨了工资或发了奖金，那么你可能就会美滋滋地回答："很不错！很开心！"这样一来，两个问题的答案就有了显著的相关性。原因是后一种提问顺序提供了线索，使原本笼统的问题有了可以参考评量的依据。

换句话说，你对一个笼统问题的回答，聚焦于一个具体问题的答案的线索。因此，钱越多越幸福是种错觉，它取决于你是否聚焦于当下收益的线索，并以此作为自己回答幸福或不幸福的度量依据。这种评价方式被称为"聚焦错觉"。

同样的情况还出现在恋爱与幸福的关联上。比如首先问你："你最近有没有约会？约会了几次？"然后问："最近过得怎么样？幸福吗？"这时你就会觉得幸福感与有无约会、约会几次相关。但如果颠倒两个问题的顺序，你就觉得二者不相关了。

通过上述例子，我们会得出一个结论：幸福并不是一门科学，而是人的一种主观感受。但是，人们对幸福的研究方法一定要科学。

心理学家经过研究，发现获得快乐和提升幸福感的方法主要包括以下 4 种。

投资情感银行

我们知道，今天把钱存入银行，未来有需要的时候就可以把钱取出来解燃眉之急，所以存钱是为了未来。

那么，快乐和幸福是不是也可以储存呢？

答案是：可以存储。

举个例子，假如有一天你遇到了不开心的事，感到非常难过，想摆脱不幸，让自己快乐起来。这时，如果回忆一下过去美好的时光，你可能就会感到自己又回到了快乐的往昔，心情也会好很多。

这种方式就叫"投资情感银行"。有些时候，我们可能会"幸福感爆棚"，就像快乐"超载"，装不下了，这时不妨给自己开设一个情感账户，将"多余"的快乐像存钱一样储存起来，等到以后需要时再从"情感账户"中把快乐"支取"出来。当然，这是一种比喻，只是希望你能好好记住自己的那些快乐和幸福的时刻，一旦有一天你陷入了烦恼、忧愁之中，就像李清照说的"载不动，许多愁"时，就可以用曾经的快乐和幸福来拯救自己，从"情感银行"中"支取"一些快乐，调剂一下当下的情绪，让心情好起来。

其实，"情感银行"这个称呼并不只是一种文学上的比喻，2021年，就有心理学家用科学实验的方法证实了"储存幸福"的作用，其成果发表在《消费者研究杂志》（*Journal of Consumer Research*）上。下面我们来看看具体的做法。

在一项"体验情绪"的实验中，参加实验的志愿者被随机分成两组来观看视频。一组志愿者观看故事片，其中有一段剧情非常哀伤，催人泪下；另一组志愿者观看纪录片，整个片子没有任何感情色彩。看完视频后，两组志愿者被要求做出选择：实验人员为他们提供两首熟悉的老歌，一首是旋律非常欢快的，一首是旋律非常哀伤的，然后问他们愿意听哪一首歌。结果，观看了故事片的志愿者更倾向于听旋律欢快的歌，而观看了纪录片的志愿者则没有选择偏好。这说明，熟悉的、快乐的老歌有助于修复当下的哀伤情绪。这种作用尤其体现在那些注重当下感受的人身上。

在另一项实验中，参加实验的志愿者同样被随机分为两组，其中一组被告知，他们的任务是观看悲伤的故事片；另一组则被告知，他们的任务是观看没有任何感情色彩的纪录片。但是在观看视频之前，他们要先选择听一首熟悉的老歌，一首是旋律欢快的歌，一首是旋律哀伤的歌。结果，那些被告知要观看悲伤的故事片的志愿者，更倾向于听旋律欢快的歌。这说明，熟悉的、欢快的老歌对于悲伤情绪具有预先缓解作用。这种作用尤其体现在那些注重未来感受的人身上。

而在第三项实验中，志愿者被告知可能要看一个非常悲伤的故事片段，在观看之前，志愿者要先完成一个填空任务。这个任务有 3 种类型，志愿者也被随机分为 3 组：第一组完成的填空任务，是让他们相信幸福是可以储存的；第二组完成的填空任务，是让他们认为幸福是不可能被储存的；第三组完成的填空任务，其问题与幸福没有任何关系。志愿者在完成填空任务后，在播放悲伤的故事片之前，实验人员仍然让他们在两首熟悉的老歌中选择听一首，其中一首是旋律欢快的，另一首是旋律悲伤的。结果发现，那组相信幸福可以像存钱一样储存的志愿者，更愿意选择旋律欢快的歌，用以抵御接下来要看悲伤的故事片带来的影响。

这些实验的结果都说明，快乐可以被提前储存，并且在之后可以被支取和使用。这也提醒我们，平时不妨多记忆一些让我们感到快乐和幸福的事情，这些会对我们未来调节情绪大有帮助。

积极行动起来，投资情感银行，为未来储存幸福。

助人为乐

助人为乐的意思是帮助别人会让自己快乐。这原本是很通俗的体验和认识，但心理学家对此给出了科学的证明，且于 2008 年将研究成果发表在《科学》上。

心理学家曾猜想：赚钱固然使人快乐，但花钱的方式同样影响快乐；把钱花在别人身上，应该比花在自己身上更让人感到快乐。为了证明这一点，心理学家进行了 3 项研究。

在第一项研究中，研究人员对 632 名美国人进行了在线调查，请这些人报告自己的幸福感、年收入、某月的各类花销等，包括自利花销，即支付各种账单为自己购买各种物品等，也包括利他花销，即给别人买礼物、慈善捐款等。结果发现，他们的幸福感只与利他花销的金额有关联。

在第二项研究中，研究人员又调查分析了一组员工在收到公司奖金前后幸福感的变化，这些员工平均收到大约 5 000 美元的奖金。在此前一个月，研究人员先让员工们报告了他们的总体幸福感和年收入，然后在他们收到奖金 6 ～ 8 周后，再次让他们报告自己的总体幸福感，并填写在以下几个方面的奖金投入百分比。

- 支付账单和开支
- 交租金或还贷款
- 为自己买东西
- 为他人买东西
- 捐赠慈善机构
- 其他花费

结果发现，只有在为他人买东西和捐赠慈善机构两方面投入的奖金，也就是利他花销，才与个人的幸福感有关。

以上两项研究都表明，把钱花在帮助别人或回报社会上，往往更令人感到快乐。以上两项研究都是对相关关系的研究，我们再来看看因果关系的研究。

在第三项研究中，研究人员在早上给一批志愿者做了幸福感测量，之后将他们随机分为两组，每组志愿者都会得到一笔钱，金额随机，5元、10元、20元都有，但研究人员要求他们在下午5点前花掉这些钱。不过，研究人员要求一组志愿者为自己买东西，另一组志愿者为别人买东西。到了下午5点，研究人员再一次测量志愿者的幸福感，发现利他花销组志愿者所报告的幸福感更高。

很多人都认为，钱只有花在自己身上才会让人更快乐，而以上3项研究却揭示了幸福感丰富的内涵，即助人才是让人感到更快乐和幸福的事情。所以，要想让自己获得幸福感，我们就要记住这个重要的心理学定律：帮助他人，快乐自己！

感恩

如果自己没有足够的能力帮助别人，那么感谢别人对自己的帮助，同样可以获得快乐。心理学家曾用科学研究的方法证实，给别人写感谢信可以让自己更快乐，这一成果被发表在2012年的《幸福研究》

（*Journal of Happiness Studies*）上。

研究人员招募了一群志愿者，并将其随机分为两组：一组为实验组，完成写感谢信的任务；另一组为对照组，不做任何事情。在实验组写信前，每个志愿者都被要求完成幸福感测量。之后在第二周、第三周和第四周，实验组的志愿者都被要求分别写一封感谢信，每次的收信人都不一样，且必须是真实的人。对信件的格式没有要求，可以手写，也可以打印，但必须是志愿者经过认真思考后，向心中那些值得感谢的人积极诚恳地表达感谢，不过不能提到物质方面的内容，也就是说，志愿者要纯粹地表达自己的感激之情。

大多数志愿者写的感谢信都在半页到一页之间，所用时间为15～30分钟。在他们正式寄出自己的感谢信之前，研究人员还会帮助他们审核内容，确保他们的感谢信遵循事先规定的原则，包括表达诚恳的感谢、不涉及无关事情等，之后由他们将这封带有真情实感的感谢信寄给收信人。

在这之后，再次测量两组志愿者的幸福感。结果发现，相比于对照组，写感谢信的这组志愿者在此次测量中的幸福感水平显著提高。

这项研究表明，即使不用金钱去帮助别人，花一些时间去感谢别人也是一件令人快乐的事。因为在这个过程中，我们重新思考了别人是如何帮助我们的，我们从中得到了什么，我们为什么要感谢对方，以及要如何感谢对方等。当我们把这些内容考虑清楚并写下来时，其实就再一次收获了快乐和幸福。我们还会发现，自己的周围有那么多感人的事情，有那么多值得感谢的人，有那么多人在乎我们、在真心地帮助我们。更重要的是，我们不但得到了别人的帮助，还得到了他们的关心和友谊，自己拥有很多的资源，也有了存在的价值。所有这一切，都让我们感觉生活很美好、很幸福。

总之，感恩可以让我们觉得生活更有价值、更有意义，自己拥有更多的资源，也更让我们觉得，即使自己遇到了困难，也是可以得到帮助并战胜困难的，没有什么坎是过不去的。具备这种心态后，我们不但能时刻都心怀感恩，做事也会更加积极、更有动力。

感谢周围人，幸福你自己。

设定与规划目标

在学习和工作中，做好目标设定和规划，让自己既有明确的大目标，也有细化的小目标和具体的实施方案，也可以让我们变得快乐。因为在这个过程中，每一次向目标迈进，我们都会变得充实、自信和有力量，快乐也会油然而生。

为了验证有目标和有规划地做事可以提升幸福感，心理学家设计了一个目标设定与规划（goal-setting and planning，GAP）训练项目，并将这一研究成果发表在 2008 年的《幸福研究》上。

研究人员招募了 64 名大学生作为志愿者，对他们进行了一项追踪干预研究。在实施干预前，研究人员先对每名志愿者做了幸福感和其他相关内容的测量，之后分发了书面材料，介绍了整个训练的内容。

正式训练为期 3 周，每周一次分小组上课，每组 5 ～ 7 名志愿者，每次课程为 1 小时。每节课的内容大纲如下。

1. 第一节课

- 相互介绍，致欢迎词，解释课程和手册使用方法。

- 解释关键概念（什么是快乐与目标）。

- 选择目标，完善目标。

- 设定目标。

- 为实现目标做规划，即说明什么是好的计划，同时制订相对详细具体的行动计划；总结和布置家庭作业。

2. 第二节课（1 周后）

- 审查计划执行情况。

- 讨论如何把握目标。

- 识别影响进展的障碍，确定解决方案。

- 讨论实施计划步骤的利与弊。

- 总结和布置家庭作业。

3. 第三节课（2周后）

- 回顾计划的实施。

- 讨论如何保证计划顺利进展。例如：目标设定与规划方法的利
  与弊，改善非黑即白的思维，强调注重过程、路径而非目标等。

完成以上3节课后，研究人员发现，参加课程的志愿者的积极情
绪要显著高于那些没有参加课程的对照组。

这项研究也说明，对快乐而言，过程和目标同样重要。在这个训
练项目中，志愿者实际参与制订了如何让自己更快乐的目标及相应的
行动计划，体验到了制定目标和达成目标的过程。在这个训练项目中，
志愿者学会了如何正确地理解过程和目标；学习了如何将大的目标分
解为一系列小的、具体的目标，并为每一个小目标制订具体的行动计
划。也就是说，要把目标分解成一系列可以实现的步骤，确保自己可
以做到。而我们在实现每一个小目标的过程中不断推进计划，自然就
会越来越接近最终的目标，由此会产生一种踏实感。这个过程可以让
我们不断体验正在实现一连串的小目标，也让我们体验自己的进步和
阶段性的成功，而这些都可以带来快乐。

因此，这项研究也成功地解释了远大理想与当下快乐之间的关系，
即重要的不在于距离目标有多远，而在于我们正在不断地进步。只要
我们在持续进步，一点点靠近目标，我们就会体验到快乐。

虽然每个人对快乐和幸福的定义、感受是不同的，但每个人都在终生追求快乐和幸福。快乐和幸福不仅是一种良好的感觉，也是我们增长才干、获得社会接纳，甚至是走向成功过程中不可分割的一部分。要获得快乐，我们既要懂得储存快乐、帮助他人、感恩他人，还要学会做好自己的人生规划，追求有意义的生活目标。从心理学角度讲，提升快乐和幸福感也是一门科学。只有掌握了科学的方法，才能获得真正的快乐，让自己每一天都是愉悦的、充满欢喜的。

第六章

焦虑

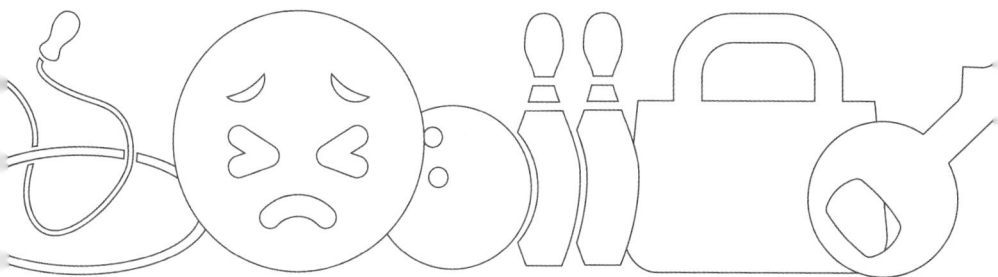

第一节　什么是焦虑

美国精神病联合会于 1994 年给"焦虑"下的定义为：伴随着紧张的烦躁不安或身体症状的，对未来危险和不幸的忧虑预期。通俗地说，焦虑是一种常见的情绪体验，它是对即将到来的潜在危险或挑战的担忧。这种情绪常常会伴随紧张、不安、害怕、烦躁等不适心理体验和躯体反应。

人处于焦虑情绪当中时，会感觉脱离了正常、平静和安全的状态，而进入一种异常的、令人烦躁不安的，甚至是恐惧的状态，并且会特别急于逃离或回避这种状态。因此我们也可以说，焦虑是一种有着很强驱动力的情绪。

焦虑产生的原因非常复杂，目前比较明确的是，焦虑主要涉及神经系统的过度唤醒，会导致人体的肾上腺素、5- 羟色胺、多巴胺等激素分泌紊乱，使血糖水平降低，导致肌肉僵硬、呼吸和心跳加速等症状。这也是为什么人们在焦虑时会体验到强烈的内在生理反应，如心惊肉跳、呼吸急促、胸闷心慌、打寒战和冒汗等。值得注意的是，这些生理反应被人们体验到后，常常会加剧焦虑情绪，使人更加心烦意乱、心慌气短，由此形成负反馈，尤其是当人们不了解产生这些反应的原因时。

简而言之，当一个人在自己的世界里感受到某种威胁而失去了安全感，却又对此无能为力时，他就容易产生焦虑情绪和相应的生理反应。而焦虑情绪的背后，其实是某种恐惧。人们担心某种潜在的不好的、应付不了的事情会发生，即使这件事情并没有发生，不一定发生，也未必应付不了，这就是焦虑。

焦虑的分类

焦虑可分为不同的类型，大致来说，常见的焦虑包括广泛性焦虑、社交焦虑、恐怖症、强迫症、创伤后应激障碍等。

广泛性焦虑是一种对未来可能发生的事件的过度担忧，可能会导致身体上的不适感和心理上的压力。这种焦虑可能会影响个体的认知和行为，导致个体难以集中注意力、做出决策、应对压力等。通常来说，这种焦虑并没有具体的指向对象或内容，是一种弥散性的焦虑情绪。

社交焦虑是一种对社交场合的过度担忧。有些人经常担心自己无法在社交场合中为人处世，害怕在公共场合讲话或表现自己。然而，正是这种焦虑影响了人们正常的社交行为和表现，导致个体难以融入社交场合，甚至无法当众开口，一见到外人就紧张得手心冒汗。

恐怖症是一种惊恐症状，通常伴随着强烈的躯体症状和生理反应，如心慌心悸、胸闷气短、盗汗、排尿失常等躯体症状。这类焦虑一般都有具体的指向对象，如空旷的广场、封闭的空间、黑暗、高处等。

强迫症是一种对自己的思维或行为进行的强迫性的重复或纠正，可能会导致身体上的不适感和心理上的困扰。比如强迫自己反复洗手、反复检查门是否锁上、来回数台阶或窗户……即使自己明知这样做没有必要且没有意义，也无法控制自己。

创伤后应激障碍往往也伴随着焦虑，它是一种对创伤性经历的长期持续的焦虑，可能会导致身体上的疼痛、失眠、食欲改变等，进而影响个体的心理健康和日常生活，使个体难以面对过去的创伤、恢复正常的生活等。

不过庆幸的是，这些焦虑一般都是可以通过心理治疗、药物治疗等方式加以治疗的。

焦虑与恐惧的区别

有人可能会问：焦虑和恐惧是不是一回事？

其实，焦虑和恐惧是大不相同的。

首先，恐惧是人或动物的一种原始的基本情绪，是一种单纯的情绪，焦虑则是复合情绪，它包含恐惧、内疚、愤怒、痛苦等成分。恐惧是天生的，焦虑则是个体社会化过程的产物，会受到周围环境和个人经历的影响。

其次，恐惧情绪的产生都有明确的、具体的刺激或成因，焦虑主要是在危险刺激或情景发生之前就产生的一种紧张的预期情绪。简单来说，恐惧可被称为"后刺激"现象，因为它是由具体刺激诱发的；而焦虑常常是"前刺激"现象，如对潜在威胁刺激的预期。

最后，恐惧情绪会诱导人们采取行动规避危险、逃离危险，带来的是一种适应性行为。但是，如果这种适应性行为无效，那么恐惧情绪就可能转化为焦虑，使人们开始担心如何才能摆脱当下的或未来的威胁或危险。如果这种焦虑情绪长期存在，那么可能演化为严重的神经症状，成为"适应不良的情绪反应"。

比如，你在工作中出现失误，可能会非常害怕被上司批评、被同事嘲笑，还会担心被公司处分，这是恐惧情绪。一旦这些事情都发生了，你肯定会非常难过。而如果你有了这样的经历，之后就会经常担心工作再次出错，因为你知道，出错就会被批评、被嘲笑和被处分，于是你每天在工作中都战战兢兢，生怕出错，并且长期不能释怀，压力很大；就算是不出错，也感觉自己出错了一样。这就是焦虑情绪。

第二节　焦虑的后果

与恐惧不同，焦虑是一种复合情绪，是后天形成的，具有许多消极的反应和后果。正确地认识这些后果、症状，将有助于我们合理地应对和消除焦虑。

焦虑导致的适应不良

如果我们整天处于一种反复的、持续的焦虑状态，总是担心不好的事情会发生，身心无法放松，就容易产生适应不良的症状。

情绪心理学家埃莉诺·欧曼（Elinor Eumann）和特蕾西·索尔斯（Tracey Shors）做过一个经典的实验，探讨人们习惯性的恐惧对日常行为反应的影响，该研究结果于 1994 年发表在《变态心理学》（*Journal of Abnormal Psychology*）上。实验过程是这样的：实验者招募了一些志愿者，在这些志愿者中，一部分是特别害怕蛇的人，一部分是特别害怕蜘蛛的人；还有一部分是既不怕蛇也不怕蜘蛛的人，我们把他们称为对照组。

在实验中，实验者让志愿者看各种图片。图片是这样设计的：一共有 4 种图片，一种是各类蛇的图片，一种是各类蜘蛛的图片，一种是各类花卉的图片，还有一种是各类蘑菇的图片。每种图片又被分为两类：一类是原始图片，也叫"原型图"；还有一类是经过特殊处理的图片——被随机切成碎片后再重新随意拼接起来，最终图片的材质、内容虽然与原始图片完全一样，但已经完全看不出原来的内容了，这类图片叫"掩蔽图"，如图 6-1 所示。

a）原型图   b）掩蔽图

图 6-1

实验的任务就是让每一位志愿者都看几遍上述图片，每次都先看一种实物的原型图 30 毫秒，之后则分成两种情况：一种情况是先看由这张原型图改造成的掩蔽图，时间为 100 毫秒，比如之前看到的原型图是一条蛇，随后看到的就是这条蛇的掩蔽图；另一种情况是继续看原来这张原型图 100 毫秒。不论哪种情况，看图时间加起来都是 130 毫秒。志愿者看了很多次图片，图片内容包括蛇、蜘蛛、鲜花和蘑菇。

在实验过程中，实验者会记录每一位志愿者每一次看图片时的生理反应，也就是一些身体部位的电活动。结果发现，那些对蛇有习惯性恐惧的志愿者，在看到蛇的图片时会产生更强烈的生理反应，对其他图片则不会；特别害怕蜘蛛的志愿者，看到蜘蛛的图片时会产生更强烈的生理反应，但对其他图片不会；而对两种动物都不怕的志愿者，无论看哪种图片，都没有产生强烈的生理反应。

值得我们注意的是，看原型图 30 毫秒加上看掩蔽图 100 毫秒的志愿者，其产生的恐惧生理反应是最强烈的。按道理说，实物原型图只呈现了短短的 30 毫秒，以往实验证明，在这么短的时间内，志愿者根本看不清图片中的具体内容；而在随后呈现的 100 毫秒的掩蔽图中，志愿者也很难看清拼接图里到底是什么，怎么就会引发如此强烈的恐惧反应呢？

对于这种情况，心理学家给出的解释是：那些对蛇或对蜘蛛有习惯性恐惧的人，即使他们在注意聚焦阶段并没有识别任何有意义的刺激或场景，但在下意识中，在没有明确线索的前提下，他们也会非常警觉、敏感地感觉到有危险，从而产生强烈的恐惧反应。

这就说明了一种现象，那些有习惯性恐惧的人经常处于一种惴惴不安的、警觉的、敏感的状态。这会大量消耗人的生理资源，包括体能、精力等，从而使人产生适应不良的症状。

所以，真正让我们觉得可怕的，并不是促使我们做出及时反应的恐惧情绪本身，而是这种恐惧变成了一种脆弱的习惯。

焦虑导致的生理、心理症状

紧张、恐惧等情绪会诱发人的各种应激状态，除了会导致诸如心跳加快、血压升高、肠胃失调、神经衰弱、头痛不已、失眠严重、口腔溃疡等生理反应，还会引发一系列的心理症状，比如：

- 总有一种紧张感，尤其觉得时间不够用；
- 对工作目的感到迷惑，每天处于急躁状态；
- 情绪容易激动，遇事反应过于激烈；
- 感情压抑，对周围事物缺乏兴趣和热情，不愿意与人交流，对来自他人的问候感到厌烦，经常出现错觉或判断失误；
- 注意力难以集中，注意范围明显缩小；
- 记忆力明显减退；
- 组织能力、规划能力、预见能力等都明显退化；
- 自信心不足，容易产生悲观、失望等情绪。

你可以用上述指标检查自己是否在某种程度上"患有"焦虑。如果你也经常出现这些焦虑、应激的行为特征或心理状态，一定要及时处理，不要让其演变成慢性心理问题。

第三节　应对焦虑的方法

在感到焦虑时，我们可能会有意回避让自己焦虑的事件或情境，但回避并不能真正解决问题，甚至持续的恐惧和忧虑还会加重我们的焦虑情绪。要想有效地应对焦虑，我们就要找到科学的方法。我在这里给大家介绍两大类方法。

认知方法

应对焦虑的一大类方法是认知方法，也就是在认识上矫正对恐惧的看法和对恐惧的预期。举个例子，我们都希望自己身体健康，不生病，这是最理想的状态；但是，人吃五谷杂粮，生病也是人生的一种常态，一旦生病了，就想办法去解决。如果不幸患上了绝症，就选择正面面对。就像乔布斯一样，在得知自己患上绝症后，选择重新认知生命：与死亡赛跑，更加努力地工作，把每一天都当成生命的最后一天来过，让生命展现出最大的价值。他认为，这就是延长生命最好的方法。

虽然人患上绝症可能会焦虑、会担心，但焦虑和担心的事情不应该是生命有多长，而应该是如何让生命更有意义。换句话说，学会面对死亡，不惧怕死亡，一个有效的方法就是改变对死亡、对生命意义的认知。比如，我们可以这样告诉自己：一个人的价值不在于生命的长度，而在于生命的质量；一个人应该关心的不在于死亡哪一天来临，而在于死亡之前做了些什么。如果能树立这样的观念，我们就能更加坦然地面对死亡，并且做好当下的事情。

我们常说：人生如棋，关键的几步一旦走错了，就会满盘皆输。如果我们总是这么想，就很容易焦虑，担心自己哪一步走错后彻底失败。但是，如果换个角度看：人生如棋，即使走错了几步，也未必会输，可能还有其他机会。我们要让自己从认知上强大起来，告诉自己：人生不只是"一盘"棋。人生是由很多尝试、很多探索组成的，失败了一次，还可以有下一次；任何一次失败都是正常的，该努力的时候努力，该放弃的时候就放弃；失败就像世间的沙砾，多一次少一次并没有什么关系；今天熬过来了，何必在乎昨天……这些才是人生智慧。

人生不只是一盘"棋"。人生就是人生，棋就是棋，人生不是下棋，人生的天地也不是棋盘；人生要比下棋复杂得多，不是棋盘能够装得下的；世界很大，也很多样，我们在一个地方不顺心，就换个地方成长；不要和世界过不去，因为无论你是否在意，世界都是那样；更不要和自己过不去，因为只要努力，你就会不一样。

焦虑的人有个典型的心理习惯，就是总担心自己应对不了未来的情境。其实，所谓未来的"威胁"只不过是一种预期，并非真实的。如果你总是习惯于做弱者，经常杞人忧天，那么生活留给你的就只有恐惧。唯有让自己敢于面对现实和未来，焦虑才会远离你。

真正有积极认知的人是不纠结的，他们的想法很确定。就像有一个英雄连队叫"杨根思连"，参加过艰苦卓绝的南方三年游击战争、火烧虹桥机场、抗美援朝战争等重大战役战斗，屡建奇功。这个连队有3句响亮的口号：

不相信有完不成的任务！

不相信有克服不了的困难！

不相信有战胜不了的敌人！

这3句口号告诉我们，要打胜仗，首先要有精神支持。如果在认知上先输掉了，就不可能再有后续行动，就算做出了行动也很难赢。这个道理在我们应对焦虑的过程中同样有效。

行为方法

既然焦虑是一种不恰当的情绪和认知，我们就要想办法把它从我们的大脑中赶出去。而将其赶出去的最好方法之一就是采取行动。我在这里给大家推荐三大行为方法，分别为运动疗法、艺术疗法和书写疗法。

1. 运动疗法

应对焦虑的第一个行为方法是运动疗法。

关于运动疗法的选择，既可以是各种各样的竞技运动，也可以是并不复杂、不需要很多技能的简单运动。比如，做广播体操，做四肢伸展运动、扩胸运动等，都是有效的。

当然，运动疗法需要达到一定的运动量才有效。要让自己的心肺功能活跃起来，心率达到一定水平，身体最好能微微出汗，让全身肌肉都得到放松。身体和大脑有着密不可分的关系，运动不仅能锻炼身体，更能促进身体内多巴胺等激素的分泌，从而让人变得快乐，进而有利于驱散焦虑。

2. 艺术疗法

艺术疗法的形式很丰富，包括音乐治疗、绘画治疗、书法治疗、舞蹈治疗等。从事一些有益的艺术活动，既能让我们更加专注，净化心灵，还能让我们提升生活品位和艺术技能。最重要的是，从事艺术活动可以让我们沉浸其中，忘我地投入，焦虑自然会消退。

心理学家做过一个用绘画艺术治疗焦虑的研究实验。志愿者来到实验室先静坐两分钟，从而完全平和下来。随后，实验者开始测量他们的焦虑水平，包括让他们回答问题和测量生理反应等；接下来再让每个志愿者回忆一件自己曾遭遇的可怕的事情，在回忆中和回忆后，实验者再次测量他们的焦虑水平。设置这个环节的用意就是激活志愿者对于生活中特定事件的焦虑状态。

之后，实验者又将所有志愿者随机分为 3 组，并让他们在 15 分钟内完成不同的绘画任务。

第一组叫给指定图案上色组，任务是给指定的图案涂上颜色，志愿者可以按照自己的想法随心所欲地在图案上涂颜色。

第二组叫自由绘画设计组，任务是随心设计并画出自己想画的一幅画。

第三组叫自由绘画表达组，任务是画出自己刚刚回忆的那件可怕的、令人焦虑的事情。

任务完成后，实验者再次测量所有志愿者的焦虑水平，结果发现，他们的焦虑水平都有显著下降，但相对来说，给指定图案上色组和自由设计绘画组的焦虑水平下降最为明显，艺术治疗效果最好。

心理学家对此也给出了解释，这是因为志愿者专注于眼前的事情，随心所欲地绘画，而不再把注意力放在焦虑上。这个实验也证实了焦虑的艺术治疗效果，其成果于 2020 年发表在《艺术实证》(*Empirical Studies of the Arts*) 上。

3. 书写疗法

书写疗法是指通过把自己担忧的事情写出来，把内心的焦虑释放出来，避免焦虑情绪继续占用心理资源，从而更加专注地去做应该做的事情。

书写疗法的心理学原理是人可以做到一心二用。人有分配注意力的能力,即使我们将大部分的注意力都投向最关注的内容,仍然会留一小部分注意力用于对环境里其他信息的监控。当然,这些"其他信息"无须我们花费大量的注意力。比如,你可以一边走路一边聊天,聊天可能需要花费一些注意力,走路不太需要注意力,你自然而然地走就是了。但如果走在坑坑洼洼的山路上,那么你就不能分太多的注意力去聊天,而是要仔细看好脚下的路,否则就容易摔倒。

人在焦虑的时候也会这样,总是担心预期的不好的后果,这就会干扰我们的注意力分配,导致该做的事情做不好,最终我们担心的事情真的发生了。这也就是我们常说的,越是担心会发生的事情,反而越容易发生。

要应对这种焦虑状态,书写疗法就是一个很好的策略,它会让我们在时间上将注意力前后错开分配,先将注意力放在不该注意的地方,也就是我们的焦虑情绪上,在把这些情绪释放后,再去做那些该做的事情,这样就更容易专心了。

美国芝加哥大学心理学家赫拉尔多·拉米雷斯(Gerardo Ramirez)和沙恩·L. 贝洛克(Sian L. Beilock)做过一组焦虑干预实验,实验证明书写对于释放考试焦虑非常有效,该成果于2011年发表于《科学》上。

这个实验共分为两项。在第一项实验中,大学生志愿者会参加两次有难度的数学测试。在参加第一次数学测试之前,他们被简单告知努力做就好,测试完成后开始记录成绩。随后,志愿者会面对一个高压情景，并被告知：如果表现出色，他们将会获得一定数额的奖金；他们还要面对来自同伴的压力和社会评价——能否得到奖金，取决于他们和搭档的共同表现，而他们的搭档已经完成测试，并且成绩比较理想，现在关键就看他们了，他们的表现将直接影响自己和搭档能否获得奖金。同时，他们还被告知：测试的全过程将被录像，招生委员会、老师、家长和搭档都会对他们在测试过程中的表现做评判。很显然，这些做法都是为了激活志愿者的考试焦虑。

紧接着，这组志愿者开始接受第二次数学测试，但在测试开始前，他们被分为两组：一组在测试前什么都不做，另一组则花 10 分钟时间写下他们对这次测试的所有担忧。最后发现，写下担忧的这组志愿者，平均成绩提高了 5%；而测试前没有做任何事情的对照组，平均成绩下降了 12%。

第二项实验采取了与第一项实验类似的方法，不同的是，在第一项实验中充当对照组的志愿者，这次被要求花 10 分钟时间写下一些与情绪无关的生活琐事。结果表明，与第一次数学测试相比，第二次数学测试中焦虑情绪写作组的平均成绩提高了 4%，而生活琐事写作组的平均成绩下降了 7%。

这组实验的结果表明，书写可以起到一定的降低焦虑、提高成绩的作用，但这与写作行为本身无关，而是与写作内容有关。

以上两项实验都是在实验室进行的，为了证明这种方法在现实生活中也同样有效，心理学家开展了真实考试现场研究。这一次的测试对象是高一学生，他们第一次参加期末考试，考试成绩对他们来说很重要。

在考试前 6 周，心理学家先测试了每个学生平时的考试焦虑水平。到了期末临考前，心理学家又要求每个学生完成一个写作任务，其中一半的学生要写下他们对考试的担忧，另一半学生则写下对某一个问题的思考，但这个问题与考试内容无关。

实验结果表明，写下对与考试内容无关问题的思考的这一半学生，平时的考试焦虑水平越高，考试成绩越差，但焦虑写作组的学生就没有这种现象。对于平时的考试焦虑水平比较高的学生来说，考前的"焦虑写作"相比"无关写作"可以明显地提高成绩。

心理学家对此进一步分析后还发现，焦虑写作主要对那些平时考试焦虑水平比较高的学生有效，而对于平时考试焦虑水平很低的人来说作用并不明显。这项研究也系统地证明了书写疗法对于缓解焦虑、提高成绩有明显作用。

值得一提的是，这种效应不但存在于学生的学习当中，在我们的工作和其他生活场景中同样有效，大家在焦虑时不妨尝试一下。

总而言之，每个人都难免会面临焦虑，对此你需要做的是正确地面对它，恰当地处理它。焦虑本身并不是坏事，只要它在合理范围内，不影响我们日常的生活、工作与交流即可。如果你不知道怎样应对焦虑，就可能引发不良后果，这时你可以采用前述方法进行调节，缓解自己的焦虑，增强自己对生活与人生的掌控感。

第七章

嫉妒

第一节　什么是嫉妒

在西方，莎士比亚称嫉妒为"green-eyed monster"，意思是"绿眼妖魔"，认为它"能摧毁一切"。在中国，我们习惯把嫉妒称为"红眼病"，认为它非常不好，从古到今，人们不断地唾弃和斥责它，因为它常常导致朋友决裂、父子反目、同事疏离，还会导致人们斗志磨灭、内耗严重、正气难申等。《三国演义》中周瑜追杀诸葛亮、历史上庞涓陷害孙膑，以及流传至今的"木秀于林，风必摧之；行高于人，众必非之"等，无不源于嫉妒心理。

从心理学角度讲，嫉妒是一种复合情绪，包含愤怒、痛苦、厌恶、恐惧等情绪成分，以及相应的认知比较成分——如果认为自己没有得到应该得到的，别人却得到了，就会心生嫉妒；如果别人所拥有的正好是自己关注但严重缺乏的东西，也有可能引发嫉妒。

有学者这样定义嫉妒："它是一种非理性的、不愉快的感觉和痛苦的情绪，其特征是由于意识到他人的优越品质、成就或财产，而产生自卑和怨恨。"由此可见，嫉妒的核心主题是想要得到别人所拥有的东西。

值得一提的是，嫉妒并不是人类独有的情绪，许多社会性动物都有这种现象。比如，社会性动物会竞争有限的资源，这就导致某种资源在一些个体中分配不均，让有些个体因此产生嫉妒情绪。

嫉妒产生的前提条件

为什么有时候看到别人拥有一件好东西时，我们会非常嫉妒，而有些时候，别人拥有一件不错的东西时，我们却不嫉妒呢？究竟是哪些因素导致了嫉妒情绪？

为了解答这些问题，心理学家做了一个有趣的实验。实验结果证实，就算是家里的宠物狗也会有嫉妒情绪，该成果于 2018 年发表在《科学报道》（*Scientific Reports*）上。

实验是这样的：研究人员招募了 24 个志愿家庭，并让他们带着自己的宠物狗参加实验，每个家庭带两只宠物狗，两只狗彼此熟悉。来到实验现场后，研究人员分别在两只狗中选出一只作为真正参加实验的小狗来参与 5 个测试。

这 5 个测试分别对应 5 个场景：在第一个场景中，这只小狗要和自己熟悉的小狗待在一起；在第二个场景中，这只小狗要和自己不熟悉的、别人家的狗待在一起；在第三个场景中，这只小狗要和从家里带来的一个自己熟悉的物品待在一起；在第四个场景中，这只小狗要和别人家带来的一个不熟悉的物品待在一起；而在第五个场景中，这只小狗要再一次和自己熟悉的小狗待在一起。

在每一个测试场景中，研究人员要求狗的主人无论发生什么都不要关注这只被测试的小狗，而是关注另一只狗或物品，如触摸、欣赏，甚至说话。在这个过程中，研究人员会关注这只被测试小狗有哪些反应。最后，研究人员发现，小狗可以把自己熟悉的同伴、不熟悉的同伴，熟悉的物品、不熟悉的物品，以及有生命的、没有生命的，都分得很清楚。它知道自己该嫉妒什么、不用嫉妒什么。所以，嫉妒是有边界、有条件的，并且是在自己很在乎的人或事物中发生。如果全然不在乎，那么嫉妒也就不会发生。

所以总结一下，嫉妒产生的前提条件主要包括以下 3 个。

第一，别人拥有一件你认为好的东西。如果不是你认为的好的东西，那么你就不会嫉妒。

第二，别人拥有的这件东西，你认为自己也需要。如果你不需要，即使它是件好东西，你也觉得它与自己无关。

第三，你很在意这件东西，而且你认为自己应该得到它，也值得拥有它。

要产生嫉妒情绪，以上 3 个条件缺一不可。

羡慕、嫉妒、恨的区别

我们在说嫉妒时，常常还会顺带说出另外两个词——"羡慕"和"恨"，这 3 种情绪的根源是一样的，都因为"想要的没有得到"而产生。不过，羡慕、嫉妒和恨是 3 种不同的情绪，它们之间有着一定的区别。

羡慕是一种近乎"正面"的情绪。当看到别人拥有一件你认为好的东西，并且你也渴望得到它，但你认为自己还没有资格拥有它时，你所产生的情绪就是羡慕。比如，有的人羡慕知名艺人拥有光鲜亮丽的生活，有的人羡慕别人拥有优越的生活条件，或者是羡慕他人所具有的长处，等等。羡慕会令你趋向于你羡慕的对象，并愿意以对方为榜样，也希望自己能像榜样一样拥有那些东西。这时，你就可能产生积极的行为动力，努力实现目标。

嫉妒则不同。嫉妒是认为自己同样值得拥有那件东西，但别人有，自己却没有，由此产生一种不平衡的心理。所以，嫉妒是一种否定的消极情绪。

恨则是因为别人拥有，自己没有，觉得很不公平，甚至认为是别人夺走了本该属于自己的东西，继而产生仇恨心理，或者产生"我得不到你也别想拥有"的极端想法。可以说，这是一种从极度的嫉妒中产生的强烈否定的消极情绪，严重时甚至会导致攻击行为，实施争夺。

以上 3 种不同的情绪层次依次加深。但是，羡慕可以产生正能量，而嫉妒和恨则是极具损耗性的负能量，时间长了，还会变成一种"病态"，时不时发作一下，破坏健康的心理生活，甚至将一个人一步步推向深渊。

第二节　嫉妒的由来

　　一提到嫉妒，我们便感觉它是一种不好的心理或情绪，它会限制我们的视野，有时还会引发矛盾，破坏关系。可是，有时我们又控制不住地嫉妒。

　　当嫉妒情绪涌上心头时，到底是什么在作祟？

　　心理学家认为，嫉妒是人的本能，人的社会比较倾向和特定的神经基础都决定了人类天生就会嫉妒。

社会比较倾向

　　心理学家证实，人们有一种社会比较的习惯，或者叫"社会比较倾向"，即倾向于与其他人进行（社会）比较。对于比较的结果，如果自己能胜出，优人一等，就会很高兴；但如果自己在比较中没有优势，甚至处于劣势，就会非常不开心。而心理学家指出，嫉妒往往与这种消极的社会比较的结果有关。正如俗话所说的"人比人，气死人"那样，人们通常越比较越生气。

　　需要注意的是，人们通常只会在与自己相似的人之间进行比较，而不会去与自己非常不相似的人进行比较。

那么，什么是"与自己相似的人"呢？一般来说，人们会了解与自己相似的人，即使他们远在千里之外。但是，人们很难了解那些与自己不相似的人，即使他们近在咫尺。这里的"相似"和"不相似"，指的都是社会心理属性的相似度，如大家都是心理学老师；而不是物理空间属性上的相似度，如大家都在北京大学教书。

所以，人们的社会比较也会在与自己社会心理属性相似的人群中进行，不会超出这个范围。比如，一位大学老师一般不会嫉妒姚明的身高，也不会嫉妒郎朗弹钢琴弹得好，同样不会嫉妒互联网公司的老板们赚钱多……否则，他的行为就显得很可笑，因为他搞错了比较对象。

如果两个人的社会心理属性比较相似，比较就容易导致嫉妒心理。比如，你和邻座的同事做着同样的工作，但对方的奖金比你的高，这时你可能就会产生嫉妒心理：凭什么他的奖金比我的高？再如，你和大学同学一起找工作，明明你们年龄相仿，学历相同，结果他的工资比你的高得多，这时你也会嫉妒：凭什么他的工资就比我的高出一大截？

这些心理不平衡都会引发嫉妒。

特定的神经基础

除了以上社会性因素，人类特定的神经基础也使人容易产生嫉妒。

关于这一点，《科学》在 2009 年刊登过一篇文章，我的学生把这篇文章的标题翻译为"你爽我不爽，你不爽我才爽！——嫉妒与幸灾乐祸的神经基础"，而这篇文章的原标题是"什么情况下你的收益是我的痛苦，你的痛苦是我的收益"。

这项研究采用了一种科学仪器，揭示了人们大脑内的某些神经构造与嫉妒、幸灾乐祸的情绪有关，说明这些情绪是有特定的神经基础的。不过，这些神经结构都与中古脑皮层有关，而与大脑新皮质无关。这就意味着，它们往往是"非理性"的。

在职场中，嫉妒常常会带来很多"噪声"，并产生各种各样的负面后果。比如，一些人认为公司存在很多不合理之处，由此心生不满，情绪低落；一些人会抱怨、质询甚至诽谤中伤他人；一些人的工作动机减退，绩效下降，引起各种反生产行为，如旷工、缺勤、怠工等。

由此也可以看出，职场"红眼病"有着很强的破坏力，并且它是非理性的，损人又不利己，是一种恶性的情绪状态。

第三节　如何调整嫉妒情绪

"你若安好，便是晴天。"这句话听上去让人感觉很温暖，心情再沮丧也会产生瞬间被治愈的感觉。而与之相反的就是："只要你过得比我好，我就受不了。"这就是一种见不得别人好的嫉妒心理。

嫉妒是一种很可怕的情绪，过激的嫉妒可能会导致恶意中伤、报复行为，从而伤害他人、伤害人际关系，还会伤害自己。幸运的是，嫉妒情绪并非不可调整。从心理学角度讲，调整嫉妒情绪的方式有两种：一种是自行构建无意识的防御；另一种则是有意识地从现实条件、认知层面与行为层面上进行调整。

常见的心理防御策略

为了调整嫉妒情绪，人们在认知上会自行构建一些防御策略。其中有两个我们比较熟悉的策略，那就是酸葡萄心理和甜柠檬心理。

1. 酸葡萄心理
如果我们认为，自己很有可能或有潜力获得别人已经拥有的但我们尚未拥有的东西，嫉妒情绪就会一直存在，因为我们觉得自己还有希望。但是，如果我们认为，自己其实并没有能力获得别人已经拥有的东西，就会放弃这种想法，嫉妒情绪也就消退了。不过，这时的嫉妒情绪可能会转化为其他情绪，如沮丧等。

但是，嫉妒也并不必然转化成沮丧等情绪，因为人们还会采取一些防御策略来调整这种负面情绪的产生，如酸葡萄心理。它的意思是说，当自己真正的需求无法得到满足而产生挫败感时，为了消除内心的不安，就会寻找自己能够接受的"理由"来自我安慰，以消除紧张，减轻压力，让自己从这种消极情绪中解脱出来。就像《伊索寓言》中那只吃不到葡萄的狐狸一样，认为"葡萄是酸的，根本不能吃"。这样就在心理上做了自我认知调节，把尴尬的局面合理化，避免得出"自己无能"的结论，更能防止嫉妒等不良情绪进一步演变和恶化。

2. 甜柠檬心理

在心理学上，个体在追求预期目标遭遇失败时，为了冲淡自己内心的不安，就会百般提高自己现在已经具备或实现的目标的价值，从而达到心理平衡。这种现象被称为"甜柠檬心理"，它同样是一种调控嫉妒情绪的自我防御策略。

例如，吃不到葡萄的狐狸如果转换一下思路，也可能会认为：虽然我吃不到葡萄，但我现在捡到了一颗柠檬，吃完柠檬后觉得很甜。用这样的方式安慰自己，就等于把注意的焦点由得不到的东西转向了自己拥有的东西，从而消除或缓解嫉妒情绪。

著名心理学家弗洛伊德把以上这些调整嫉妒情绪的方法称为"合理化"的自我防御策略。这些策略能让我们对自己进行合理安慰，而不至于产生嫉妒等不良情绪。但同时我们也应该正确地认识自己，不要随意贬低他人，遇到问题时要冷静客观地分析，或者努力改进自己的生活方式，毕竟只有努力提升自己才能拥有更好的生活。

有意识地调整嫉妒心理

在日常生活和工作中，我们可以有意识地运用一些策略来调整自己，预防嫉妒情绪的产生，从根源上缓解或消除嫉妒情绪。

1. 改变引发嫉妒的条件

前文提到，嫉妒情绪的产生有 3 个前提条件：主观认为的好东西；别人拥有这个好东西，我很在意；我觉得自己也值得拥有。只要我们能改变其中一个条件，就有可能不再嫉妒。

要改变第一个条件，你可以这样问自己："别人真的拥有了我认为很好的东西吗？"很多时候，如果我们不把别人拥有的看成很好的东西时，就没那么嫉妒了。

比如，别人有一个非常漂亮的名牌包，价格很高，但你也可以认为，那并不是多好的包，根本配不上自己的气质和生活状态。首先，品牌商标太大了，显得有些土；其次，价格太高，买了这个包，接下来3个月恐怕要节衣缩食了。这么一想，你就会觉得那个包也没多好，自然不再嫉妒。

要改变第二个条件，你可以让自己不去在意别人的东西，这时就算别人的东西很好，你也不会嫉妒。比如，你觉得那个名牌包确实不错，但它对你来说太小了，几乎装不下什么东西；或者那个包太大了，又重，不够实用。这么一想，你就觉得根本不需要在意别人的那个包怎么样，自己也不值得花钱去买，自然也不会产生嫉妒情绪。

要改变第三个条件，虽然别人拥有了一个名牌包，你也想拥有，但你仔细想想，感觉自己并不是特别需要它。比如，自己已经有了一个好看的包，出门用足够了。这样想想，也就不嫉妒了。

其实，一件东西是不是好、需不需要、合不合适，很大程度上都取决于人的主观见解。如果我们从主观上改变自己的认知，嫉妒情绪自然就消散了。

2. 消除认知偏差

检查和纠正自己可能存在的认知偏差，也能消除嫉妒情绪。

比如，你觉得别人不值得拥有某件东西，可能是因为你没有看到对方的优点，或者看到的对方的优点太少，只关注了对方的缺点。如果你总是盯着别人的缺点看，你就会觉得他不配拥有这件东西。同样，如果你总盯着自己的优点看，忽略自己的缺点，就会觉得自己应该拥有这件东西。

一旦我们在自己和他人的优点、缺点上存在认知偏差，便容易造成评价公平与否的标准出现偏差，继而滋生嫉妒情绪。有趣的是，研究发现，我们意识到自己感受到的不公平并不符合客观标准时，嫉妒反而会加剧。

比如，在同一家公司，A和B两名员工岗位相同，其中A员工认为：自己每天工作12小时，一整年几乎天天加班，而B员工每天工作8小时，到点就打卡下班，凭什么年底时两人的年终奖一样呢？这时，领导站出来说："根据绩效考核，A和B今年的绩效差不多，所以年终奖也差不多。B每天下班早，说明他工作效率高。"领导的客观评价反而加剧了A的嫉妒心理，因为A无法证明B的优势是靠不公平的方式得来的。

人一旦陷入嫉妒的情绪陷阱，就会在认知上极力维护自己产生这种情绪的理由，为自己的恶性情绪寻找依据；一旦找不到，无法把自己的负面情绪合理化，便会更加痛苦，也更加憎恨让自己产生嫉妒情绪的人；同时，自己也会被这种恶性情绪吞噬。

其实，如果我们采取逆向思维策略，是可以远离嫉妒情绪的。比如，我们可以思考一下：得不到某些东西就一定是坏事吗？一个项目，领导把它交给我们的竞争对手去做，就一定是坏事吗？说不定后面还有更好的项目等着我们呢！有些时候，得就是失；而有些时候，失就是得。塞翁失马，焉知非福？凡事看开一些，顺着想，想不通，再逆着想想，可能就通了。

3. 改变比较方法

人们经常做社会比较，因为这种社会比较倾向是非常固执的，很难消退，有时是在潜意识中进行的，自己根本觉察不到自己是在比较、在嫉妒。如果你一定要进行社会比较，那么我建议你改变社会比较的策略。

比如，我们都知道这句话："十根手指不一般齐。"意思是说，每根手指都有自己的功能，虽然长短粗细不同，但各有作用，因此互相之间不应该嫉妒，而应该互相包容、互相帮助。

我们在社会上也是如此。每个人在社会上都像一根手指一样，各有优点，所以没必要事事攀比，更没必要拿自己的短处与别人的长处做比较，不然会越比较越糟糕。即使在与和自己具有相似社会心理属性的人比较时，也要学会扬长避短，多看自己的优点和长处，并想办法将优势发挥出来，这才是生活的智慧之道。

最后，我还要提醒大家，比较是没有尽头的，山外有山，天外有天。与其嫉妒别人，不如改变自己，积极地提升自己。其实你完全不需要与别人攀比，只需要战胜自己和自己的嫉妒心，这样就已经很了不起了。

嫉妒，有时就如同喝了将各种调料混合在一起的汤汁，让人五味杂陈。而嫉妒的产生，也有它的条件和缘由。弄清这些后，只要我们有意识地调整自己的情绪，就能缓解和消除嫉妒。生活中的快乐原则和现实原则永远是矛盾对立的，只有接纳这种对立性，我们才能找到内心的秩序和平和。

第八章

傲慢

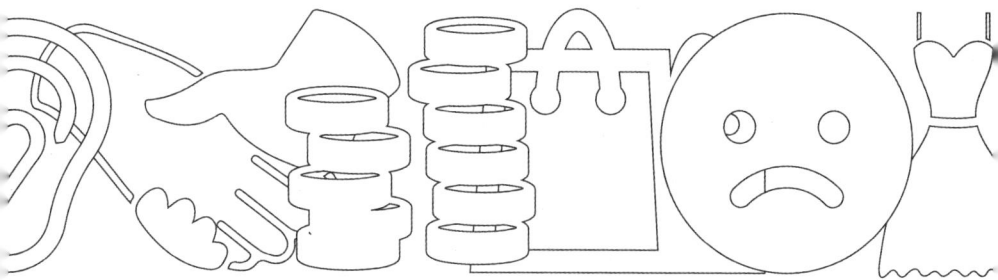

第一节　什么是傲慢

通常来说，傲慢是指人们自恃拥有某些独特的东西或品质，如地位、财富、相貌甚至智力，因此感觉自己了不起，并夸大自己这种优势或长处的作用，贬低别人在这些方面的劣势，表现出一种不友好的处世态度。

就本性而言，人们都需要拥有自尊和维系自尊，但当这种需要过度膨胀，且人们采用不恰当的方法去满足这种需要时，就产生了傲慢。

傲慢的表现

傲慢与愤怒、恐惧等原始的、本能的否定情绪不同：愤怒是为了不再愤怒，恐惧是为了摆脱恐惧，它们是由他人或环境的伤害而引发的，它们的目的是否定那些引起伤害的原因；但是，傲慢是一种会伤害他人的情绪。傲慢的目的是通过贬低别人抬高自己，将自己与他人区分开来，并自视高人一等，最终伤害他人的自尊，影响他人的"自我提升"。具体来说，常见的傲慢的表现形式大致可归为以下四类。

第一类，藐视别人。也许在某些方面，别人确实不如自己，因此一些人就会表现得看不起别人，或者表现出强烈的自我优越感，"居高临下"地看待别人，并通过"欣赏"别人和自己的差距，满足自己的虚荣心。

第二类，贬损别人。在某个方面，别人可能确实比自己强，这就伤害到了自己的自尊心，自己无法接受这一现实，于是通过贬低他人的长处、优势"打压"别人，满足自己的虚荣心。这也是损人利己的一种形式。

第三类，夸大自己。也许人们在某些方面和别人差不多或确实强一些，但为了获得更强的优越感，就会夸大自己的优势和长处，试图拉开自己和别人的距离，以此满足自己的虚荣心。

第四类，抬高自己。自己在某些方面并不如别人，但因为不能接受这种差距，为了满足虚荣心，就故意抬高自己，言过其实，甚至弄虚作假，把自己伪装成优越者，以此满足自己的虚荣心。

傲慢的弊端

傲慢最大的弊端就在于，它将某种特定的标准作为给人划分等级或档次的依据。这显然是不公平的，因为人人生而平等，不应该以是否拥有某种东西而被标记或分类。以这种方式衡量别人，就会让人产生愤怒情绪，所以也可以说，傲慢就是在"拉仇恨"。

傲慢是一种冷漠的情绪，并且试图以"损人"来利己，但后果往往是让所有人都远离自己。其本来的意图是通过展示自己的优越获得别人的欣赏，结果事与愿违，反倒引来别人的厌恶甚至鄙视。

比如在《傲慢与偏见》这部小说中，达西以傲慢的姿态向伊丽莎白求婚，但伊丽莎白无法忍受他的傲慢，也不肯向财富与地位屈服，她要的是平等的爱情。

在现实生活中，人们也会对一些傲慢的行为感到不满甚至厌恶。比如，在观看各种体育比赛时，我们发现，当运动员自己或队友得分或取胜时，他们常常会做出一些庆祝的动作。足球运动员进球得分后，有时会快跑几步，再跪着向前滑行（简称"滑跪"）；篮球运动员进球得分后，有时会做出"吹枪烟"的动作——这是在模仿西部牛仔射击得手后吹枪口烟灰的动作，或者是与同伴一起做出蹦蹦跳跳的动作。然而，这些庆祝动作在很多比赛场景中都会被认为是运动员在表达傲慢，甚至有些比赛会明令禁止这些动作，甚至以开罚单、扣分等方式作为惩罚。

为避免运动员用类似的方式庆祝，在美式橄榄球比赛中，运动员在接受培训时就被要求做标准动作——得分后要慢跑，将球送回主裁判手中，并和其他队员一起返回边线，这才是体育文明行为。但有的运动员得分后很得意，做出各种庆祝的动作，甚至做出羞辱对手的动作，裁判会对这种傲慢的、不文明的行为开罚单。

不仅体育比赛有这样的约束，社会公众也会就不文明的、傲慢的行为达成共识，并做出相应的舆论惩罚。下面的这个实验就验证了这一点。

这个实验招募了一批志愿者，这些志愿者都很熟悉美式橄榄球的规则。研究人员将志愿者随机分为两组，并让他们阅读两段不同的文字资料。其中一组志愿者阅读的是有关庆祝场景的文字资料。

（第一段）在第三次进攻中，老虎队在鲨鱼队的45码[①]线拿到球，然后将球传给了边线空位的外接手，外接手接住球后，冲入底线得分。

（第二段）随后，他立即将球扣在对方的后卫的身边（意思是"我搞定你了"）。随后，他跳起了标志性的庆祝舞蹈，面朝天空秀肌肉给观众看。然而，几秒后，他听到了裁判的哨声。裁判判定他的庆祝动作违反了体育道德，他的球队也因此被罚，扣减分数。

而第二组志愿者只阅读了第一段，其中没有提及任何庆祝动作。随后，研究人员要求两组志愿者分别对这个球员的行为打分。

（1）评价他在多大程度上表现出了傲慢、自大、自我炫耀。

（2）评价他的行为在多大程度上是显示自己的快乐与热情。

（3）对于得分球员，评判一下应该给予他多少奖金，可

---

① 1 码 =0.9144 米。

选择的范围是 0 ~ 200 万美元。

结果表明，在球场上得分后表现出庆祝、狂欢的球员，更多地被评价为有热情，但也更傲慢；而没有用夸张动作庆祝的球员，反而被评价为更热情。最重要的是，对于做出庆祝动作、展现出傲慢的球员，志愿者评判他赢得的奖金较少。换句话说，为自己的胜利做出不恰当、傲慢或炫耀行为的球员，得到的奖金变少了。

由此可以看出，傲慢者总要为自己的傲慢买单，或者说，傲慢就是在用自己的优势惩罚自己。同时这也说明，傲慢只是一种自以为是的小聪明，或者是自以为有"优势"的人所犯的一种"低级"错误。傲慢之人自以为可以凭借优势获得他人的欣赏，殊不知别人完全可以感知到他的傲慢，并且对其越发厌恶。

傲慢是丑陋的情绪和歧视开出的恶毒之花。

傲慢与骄傲的区别

说起傲慢，我们还会想到另外一个词——骄傲。有人认为，傲慢和骄傲是一回事，都意味着有些"傲气"，都意味着有些看不起人。其实，傲慢与骄傲是有着本质区别的。

首先，傲慢可能是由某种世袭或遗传因素带来的优越感，有时并不需要自己付出努力；骄傲则是通过自己的勇气、努力和付出，取得成功、胜利、进步等行为和行动的结果后，产生的一种肯定的、接纳的、赞赏的认知评价，以及由此体验到的快乐、愉悦的情绪。简单概括一下，骄傲是对自身行为及行为结果所做出的认知评价和产生的内在体验；而且骄傲有一个重要前提，那就是自己对一种成就或一个结果有所付出。所以我们常说："你值得为此骄傲！"意思是你的努力、付出与你的收获是相匹配的。从这个意义上讲，傲慢为人所不齿，骄傲则名副其实。或者说，傲慢是贬低别人的劣势或过度夸大自己的优势，骄傲则是合理地肯定自己的成果。

其次，傲慢的人一旦遇到各方面比自己更有优势的人，就会马上气馁，傲慢不起来了；骄傲的人则不会，因为骄傲源于自身的努力，在任何情况下，骄傲的人都觉得自己是值得骄傲的。所以，傲慢者会被自己的傲慢埋葬，骄傲者则可以因为自己的努力不断进步。

此外，傲慢的本意之一虽然也是提升自我，希望自己"高人一等"，可以在社会中胜出，但傲慢的手段往往既不高明也不正当，因为它的表现是贬损别人、蔑视别人；骄傲则是针对自己，努力使自己产生向上提升、自我肯定、自我强化的动力，有时也可以延伸到自己所属的群体，比如为自己的团队、家庭、学校、城市、国家等感到骄傲。

需要注意的是，骄傲向前多踏出一步，就可能变成自满。自满是要不得的，它会阻止我们更进一步的发展，阻碍我们的自我提升。因此，我们可以有十足的骄傲，但不宜有一丝的自满和傲慢。

第二节　不要傲慢，要不卑不亢

傲慢是一种拿自己的优势与别人的劣势做比较的不健康的心理需求，它会让人高看自己的优势，鄙视别人的不足。长期处于这种状态，不但会阻碍个人的成长与发展，还会破坏人际关系，给自己造成很多不利影响。好在傲慢并不是不能克服的，只要我们认识到傲慢的种种弊端，就能做出改变，战胜傲慢与无礼，成为一个不卑不亢的人。

改变社会比较方式

想要改变傲慢的言行，一个有效的方式就是改变社会比较方式，重新审视自己的优势和别人的劣势。

就同一个方面的比较而言，你也许在某方面确实比不少人强，但总有在这方面比你更强的人，正所谓"人外有人，天外有天"，所以不要自恃自己有某些长处便"优越感"爆棚，妄自尊大，看不起别人。要知道，"三人行，必有我师焉。"

就不同方面的比较而言，每个人都有自己的优势、长处和优秀的品质，以自己的优势去对比别人的劣势，将其作为贬低他人、不尊重他人的理由，是一种很卑劣的行为，因为你同样无法忍受他人用自己的长处来贬损你的短处。"己所不欲，勿施于人"，你不希望别人用这样的方式对待你，那么你也不能用这样的方式对待别人。

需要注意的是，长处和优势、短处和劣势其实都是局部的，并不代表整个人。谁还没有一些长处和短处呢？它们可能是共存的。一个相貌平平的人，可能有一颗善良的心；一个生活贫穷的人，可能有着勤劳的秉性。所以，物质和生理条件上的劣势，与一个人的品行、能力等没有关系。

比如，蹬了一辈子三轮车的白方礼老人，虽然自己一天书也没读过，却在退休后过着节衣缩食的生活，把攒下的退休金和蹬三轮车赚来的钱全部用来资助农村读不起书的孩子，帮助几百个贫困孩子圆了上学梦。

与这位品行高尚的老人相比，那些自以为物质条件和生理条件优越的人，又有什么资格傲慢呢？

再贫困的人，也可能有极其富有的一面。

转变社会比较心态

傲慢者之所以看不起人，对别人无礼，其中一个原因就在于他们具有一种特殊的认知模式——通过社会比较，强化自己的优势，贬低对方的长处。所以，想改变这种认知模式，就要转变社会比较心态，不能总想着"我好，你不好"，盼着对方不好。这是一种"我赢，你输"的心态。

要知道，在各种社会比较之中，既有对自己有利的时候，也有对自己不利的时候，只有转变心态，从强调"我好，你不好"转变为"我好，你也好"，才能形成双赢，让彼此都受益。

没有所谓永远的赢家。赢家固然值得恭喜，但输家又何尝不需要鼓励呢？

改变行为习惯

傲慢是一种恶性的态度和行为方式，要想改变傲慢，可以切实行动起来。

比如，在历史故事"将相和"中，廉颇本是个傲慢自负的人。蔺相如因"完璧归赵""渑池之会"等事件被封为上卿，官位比廉颇高，使得廉颇大为不满，他认为自己是战功赫赫的将领，蔺相如只不过动动嘴皮子，有什么资格享受这么高的待遇？但后来蔺相如用自己的智慧和胸怀感化了廉颇，廉颇对蔺相如也由不服变成钦佩，于是"负荆请罪"，向蔺相如承认自己的错误。双方冰释前嫌，成为至交。

由此可见，你只有改变了自己的傲慢行为，才有可能改变别人对你的"偏见"。你的行为也决定了别人对你的态度。

总之，我们可以为自己取得的成就而自豪，但不能因为自己的优势而傲慢。傲慢会让人膨胀，不顾别人的感受，从而无法赢得别人的好感。只有在生活和工作中摆正自己的位置，既善待自己，也善于寻找榜样和目标，向更优秀的人看齐，才有可能越来越优秀。一个人的气场不是来自傲慢，而是来自谦和。谦和可以让一个人更有吸引力和感染力，赢得他人的信任，获得他人的帮助。所以请记住，要让自己招人爱，而不要招人恨，一旦你把别人对你的好感烧尽，最后剩下的"灰"其实是你自己。

第九章

抑郁

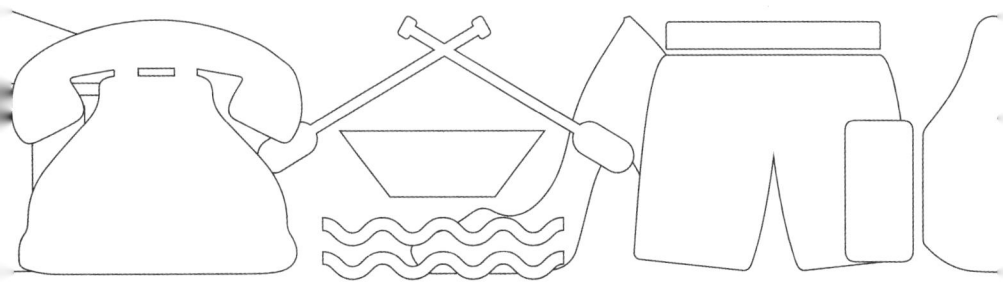

第一节 抑郁是一种情绪障碍

说起画家凡·高，很少有人不知道。他的全名是文森特·威廉·凡·高，1853 年出生于荷兰，其画作《向日葵》曾温暖了很多人的心。但是，他自己却陷入抑郁，于 1890 年自杀身亡，年仅 37 岁。

凡·高的一生虽然短暂，但他却是一位多产画家。不过对凡·高来说，比作品数量更多的，也许是他一生遭遇的不幸和痛苦。

凡·高三部曲之一：坎坷的人生

凡·高从小性格孤僻，这为他日后的人际交往造成了障碍。6 岁时，他被送去公立学校读书，但当时的公立学校环境很差，凡·高也因此变得叛逆，两年后就退学了。11 岁时，他又在一所离家很远的寄宿学校学习了两年，之后又到另一所学校学习，但一年后再次辍学。

频繁地更换学校，很容易造成儿童的适应障碍；而非常不系统的学习，又会妨碍其职业成长；住在离家很远的寄宿学校，得不到家庭的关爱，还容易导致其形成消极的人生观。

16 岁时，凡·高开始了自己的第一份工作，在位于海牙的叔叔家的画店里做学徒工。在这期间，他遭到同行的打压，经常感觉步入绝境。这就是我们现在常说的职场冷暴力。

20岁那年，凡·高被调到伦敦工作，在伦敦工作期间他爱上了房东的女儿，但对方拒绝了他。这让凡·高遭受了巨大的情感冲击，一度消沉，工作时也心不在焉。他感到很迷茫，不知道自己为之努力的一切到底是不是自己想要的，自己付出的劳动是不是与自己的目标相背离。这是典型的青少年自我概念危机。而搞不清自己是谁，自己会成为什么样的人，这是对生活意义的迷失。

后来，凡·高又按照家里的要求，学习做牧师。作为大龄学生，他无法按照老师的要求脱稿演讲。可他按照自己的讲稿练习传教时，又常常词不达意。老师对他非常不满意，他也开始质疑自己的能力，进而怀疑人生。后来，他又学习拉丁文、希腊文，有时一天学习18～20小时，很少休息，可由于以前功底不好，他仍然得不到他人的欣赏。

在这期间，凡·高鄙视有钱人的无知挥霍，同情贫苦人悲惨的境遇。他不理解上天是如何安排这个世界的，同时他又对自己的遭遇和命运产生极度的困惑，不知道自己该努力成为那些"上等人"，还是该努力救助那些贫苦人。这种自我概念的迷茫纠结，让他的心灵备受折磨。

生性孤僻，适应障碍，学习不系统，职业成长受阻，消极的人生观，职场冷暴力，情感冲击，消沉，自我概念危机，对生活意义的迷失，质疑自己的能力和怀疑人生，得不到欣赏，自我概念的迷茫纠结……这些都是生活在雕刻凡·高心灵时留下的痕迹。也许一些成功不足以成就一个人的一生，但许多消极的体验和遭遇却有可能毁掉一个人的一生。可惜的是，那时的凡·高既没有心理医生的帮助，也不了解相关的心理自救知识，因此只能在抑郁的情绪中越陷越深。

人生必须及时止损。遇到困难很常见，这不要紧；要紧的是，积极应对困难，并获得新生的领悟和力量。

凡·高三部曲之二：暗恋的折磨

凡·高被调到伦敦后，情窦初开，爱上了房东 19 岁的女儿，但他迟迟不敢表白，这种情绪表达困难一直折磨着他。终于有一次，他鼓起勇气向女孩表白了自己的感情，没想到对方直接拒绝了他，原因是女孩并不爱他，而且女孩已有未婚夫，不久就要结婚了。

但是，凡·高不肯相信，还偏执地认为，那个男人根本不存在，女孩也不会爱上那样的男人，他还要女孩一定相信自己的爱情。在凡·高看来，自己爱那个女孩，那个女孩也应该爱自己才行。他甚至觉得，只要自己工作努力，赚更多的钱，就能争取到对方的爱情。这再一次体现了凡·高的固执和认知狭隘。他只看到世界上有一枝花在开放，却无视周围还有很多花存在。

此后，凡·高想方设法接近对方，但要么没机会，要么被拒绝。

于是，凡·高的内心发生了巨大的认知改变，开始漠视周围的一切。他看别人的眼光变了，觉得所有人都很孤独，每天都在干着无聊的事。

凡·高的同事从不认为他是个讨人喜欢的人，都不愿意和他沟通，这让凡·高的沟通障碍越发严重，他甚至不知道该与别人说些什么，工作时也无精打采，甚至和顾客争论，被经理训斥。

到了暑假，租约到期，凡·高想续租，以便继续与房东的女儿碰面，但房东拒绝了他，这让凡·高整个假期都很郁闷。假期结束后，当他再次去找女孩时，女孩让他吃了个闭门羹，甚至警告他不要再来烦扰自己。凡·高更加苦闷，只好将全部精力都投入绘画，暂时把女孩从自己脑海中擦除。

凡·高与痛苦结下了不解之缘，他做出了更加极端的行为，在离伦敦有 4 小时车程的一个教会找了份教书的工作——没有工资，只管食宿。一到周末，他就徒步一天一夜回伦敦，站在以前住所的墙外，以便赶在周日上午做礼拜时看女孩一眼，然后徒步赶回教会上课。因为没钱买车票，他就这样一次次地步行跋涉，每次都饥渴疲惫，好几天才能缓过来。这种行为一直持续到冬天的某一个周末，他在墙外看到对方院子里热热闹闹的，原来女孩真的结婚了。此刻，凡·高原本已经很脆弱的世界终于崩塌了，他收拾行囊离开了英国。

凡·高表现出来的勇气在于，他一直坚持这样的探视；而他的懦弱和胆怯在于，他不敢面对这个毫无结果的现实，一直幻想着能得到这份不可能得到的感情。因此，他一次次地做着这样的刻板行为，这样的适应障碍无异于自我折磨。而刻板行为又加剧了他内心的痛苦，由此造成的沉没成本也越来越大，以至于他在情感上无法背负。试想一下，为了一件没有结果的事不断偏执地付出，而每一次付出都在伤害自己，将来怎样还得起自己欠自己的债呢？

凡·高总觉得女孩就是他最心仪的另一半，却没意识到对方并不爱他，他自己也不肯面对现实。他始终认为，女孩之所以拒绝他，是因为他的某种缺点和不足。这种自责行为始终伴随着他，让他的自我认知出现问题。

情感表达困难，偏执固执，认知狭隘，认知改变，漠视周围，沟通障碍，极端行为，幻想，刻板行为，适应障碍，自责，自我认知出现问题……这些都在一步步地加重凡·高的抑郁。

凡·高三部曲之三：艺术的挣扎

凡·高热爱绘画艺术，并且绘画风格独辟蹊径，绘画也成为他抒发情感的一种手段。不过，他并没有接受过任何系统的专业化教育和培训，只是接触了一些功成名就的画坛人物，跟着他们走到哪儿学到哪儿，遇到谁就和谁切磋。这种毫无规划的"碎片式学习"影响了他当时的职业发展。

幸运的是，凡·高所处的时代正是印象派风格在法国流行的年代，这很符合凡·高的审美。印象派强调独特视觉感知的表现手法，不强调画的对象，而是强调画家自身的感受，这对于像凡·高这样对生命有着强烈渴望，但早期又没有受过系统绘画教育的人来说，简直是如鱼得水。

1888 年，也就是在去世前两年，凡·高在法国举办了一个绘画沙龙，还发出了不少邀请，但最终只来了一个人，那就是高更。当时高更与凡·高一样，都是作品卖不出去的画家。尽管如此，高更的到来还是让凡·高很高兴，为迎接高更，他还画了一系列的向日葵，这些画作展现出来的都是热情、热烈以及对生命的渴望，画面色调温暖饱满，用色鲜艳而夸张。

凡·高笔下的向日葵，既真实又不真实。

说它真实，是因为它体现了画家对向日葵这种独特的生命形体和色彩的表达。这是凡·高的心理寄托，是他的呼唤与呐喊。向日葵代表着太阳、生命、希望、温暖，是生命灿烂、鲜艳、沉甸甸的寄托。我们可以推想，凡·高是希望自己活得像向日葵，而这与他的一系列自画像又形成了鲜明的对照。

说它不真实，是因为凡·高凭借自己的印象，赋予了向日葵独特的人的灵魂。那些花瓣形状怪异，既不是茁壮的，也不是枯萎的，而是肆意张扬的，甚至是刻意扭曲的，体现了凡·高在这种生命形体中的精神寄托和热烈的渴望与挣扎。

凡·高从事绘画 11 年，作品很多，但生前得到赏识的却很少，甚至只卖出过一幅，还是自家亲戚买的。这简直是令他绝望的否定。

从凡·高的一系列自画像中我们看到的不是生命的张力——与他笔下的向日葵是完全不同的生命样式。自画像中的他，有着紧张的情绪，这些情绪愤懑地向内聚集——似乎他的内心正在不断抽紧，聚成一团，给人一种向内的收缩力与压力而不是向外释放。我们看到的，是情绪的凛冽、严苛，他好像是在自责，还有愤怒、恨、无奈，甚至有一种想要从无法忍受中抽离的强烈欲望，更有一种冲向死亡的决绝。

相关资料记载，凡·高的"疯病"经常发作，他接受过多次治疗。由于当时精神医学和心理学都很不发达，资料中对于凡·高"疯病"的记载并不准确。

如果将前面提到的所有关键词或标签汇集在一起，就构成了凡·高的心理画像，如图 9-1 所示。从这个心理画像中，我们可以看出凡·高的心理症状和行为症状，也可以看到他悲剧的人生。

图 9-1

但是，直到凡·高去世，人们也没搞清楚他自杀的原因。一种主流的解释是，凡·高很可能是陷入了抑郁情绪无法自拔，最终以自杀的方式结束了自己痛苦的一生。

凡·高三部曲虽然不足以概括他的一生，但通过这些经历我们能看出，抑郁症之所以可怕，并不是因为它不可治愈，而是因为人们对抑郁症的认知偏差和轻视。

抑郁是一种高级情绪、一种心境状态。它是以日常不愉快的悲伤、痛苦为主导的情绪，常常伴随着自我否定、自我拒绝、自卑的认知评价，以及行动上的消极、逃避、自我折磨，甚至会使人产生轻生的想法和行为，同时伴有不同程度的躯体生理反应，如胸闷气短、呼吸困难等，有些人还会出现幻觉。这种情绪状态也被归为一种情绪障碍，即心境障碍。如果用一句话来形容，在极端情况下，产生抑郁情绪的人整个人都会被悲伤、痛苦充斥。因此，人们也把抑郁情绪称为"悲伤痛苦的黑洞"。

抑郁很不幸，但比抑郁更不幸的，是人们对抑郁的无知。

第二节　抑郁症的特征

抑郁症被列为世界第四大疾病，且其位次呈不断上升的趋势。在我国，抑郁症的患病率在 3% ~ 5%。由于重度抑郁的人会有自杀行为，因此它也被比作心理癌症。

然而，大多数有抑郁问题的人并不知道这是一种心理疾病；即使是认识到自己有这种情绪问题的人，也只有一小部分会主动求医问诊。他们选择掩饰、忍耐，错过了治疗的机会，使得抑郁变得更加危险。因此，正确了解和认识抑郁，弄清抑郁症的特征，是避免和治疗抑郁的第一步。

抑郁的心态表现

抑郁的心态就如同物理学上的黑洞，因此我也把抑郁称为"心理黑洞"，由它形成的"心理坍缩"也可以理解为向内爆炸。负面情绪高度聚集，向内坍缩，密度极高，以至于任何事物都会被黑洞吞噬。在这个黑洞里，你看不见光，看不到希望，也看不到任何积极的东西。一旦人被这种负能量占满，肉体无法被精神驱动，就像灵魂出了窍，不能自已。

很多患过抑郁症的人在回忆自己的经历时都表示，自己的身体好像已经不属于自己，完全不受自己控制，全身充满了负能量，沉重不堪，人也会非常痛苦，却无法摆脱。抑郁症的极端表现就是"向内毁灭"，如自杀。如果用一个形象的比喻来解释，抑郁症就好比心理的"冷爆炸"，有自毁的危险。所以简单来讲，抑郁就如同悲伤的黑洞，是人痛苦到极点形成的心理坍塌，或者叫"心理坍缩"。

抑郁症的基本特征

抑郁症对人的伤害很大，那么，我们要如何判断自己是不是患上抑郁症了呢？

有学者将抑郁症的典型症状概括为"三低"：一是情绪状态低落，充满了消极、悲伤的负面情绪；二是认知功能水平低，不能像正常人那样理性思考、分析、判断，信息加工时出现大量偏差；三是意志弱、欲望低，什么都不想干。

实际上，抑郁症的基本特征很复杂，如果用快速简易的方法来诊断，主要包括以下几个。

1.情绪改变

抑郁症患者的情绪改变是最突出的特征，他们每天都要与充斥着哀伤和空虚的自我打交道，这也让他们越发难过。所谓空虚，也并不是什么都没有，而是塞满了哀伤，以至于容纳不下其他任何东西。也因为没有其他东西，只剩下哀伤，所以生命才会变得空洞，对任何事都无法感到快乐，甚至在应该快乐的事情上也快乐不起来。但也有些时候，他们会以极端的爆发形式表达自己的痛苦与愤怒。

2. 兴趣改变

由于满心哀伤，所以抑郁症患者往往没有心情做任何事情，对什么都提不起兴趣，即使是平时很喜欢做的事，也不想再做了。

3. 动机改变

抑郁症患者经常是一副懒洋洋的样子，连和家人、朋友聊天也打不起精神，甚至每天早晨起床对他们来说都是一件很困难的事，他们行为失去了动力，并伴有失眠、入睡困难或嗜睡等问题。

4. 认知改变

抑郁症患者的大脑神经系统进行认知加工的速度会变得迟缓，人会变得呆滞，思考问题和分析问题的能力降低，甚至在做最基本的生活选择时都感到困难。比如，他们都懒得想吃什么、穿什么，想也想不明白。在这种情况下，即使是生活中一些非常简单的决定也会变成其沉重的负担。

5. 饮食改变

大多数抑郁症患者的食欲都会大大降低，吃什么都觉得没胃口，即使是以前最喜欢的美食，也不再觉得那么诱人了。但也有少数抑郁症患者会暴饮暴食，胃口大开，这是因为他们可以从食物中找到一种慰藉，以此摆脱来自现实的压力。

6. 性格改变

抑郁症患者的思维方式和行为方式也可能发生改变，性格与以前大不一样。他们会变得内疚、自责，不能接纳自己，对自己的错误感到非常失望，甚至把与自己无关的错误也归因于自己，而且他们会非常在意他人的指责，并且以此确认自己就是一塌糊涂，不可救药，以至于无法容忍自己。

7. 行为改变

抑郁症患者会变得非常孤独，无法融入正常的社交活动，甚至连和自己的家人、朋友相处都感到困难。而且，他们也不会向他人求助，因为不想拖累他人。有些抑郁症患者还故意和朋友切断联系。在抑郁症患者看来，与人相处是非常消耗精力和能量的事情，他们承担不起。然而，良好的社会关系正是帮助抑郁症患者摆脱抑郁的最重要途径之一。一旦这个通道被阻断，抑郁症就会更加严重，抑郁症患者甚至会陷入恶性循环。

8. 观念改变

抑郁症患者一个最危险的特征，就是他们的生死观会发生颠覆性的改变：他们常常感觉生不如死，求死的兴趣胜于求生的欲望。他们之所以会产生轻生的念头，是因为他们在各种痛苦中挣扎，在各种令人崩溃的心态中挣扎，无法承受内疚、自责、绝望、痛苦的情绪，也不能接受自己的无价值、无意义感，所以认为结束生命反而是一种彻底的解脱。

以上 8 个特征中，如果仅出现第一个到第七个中的一个特征，通常不足被诊断为抑郁症患者，因为任何人在生活中都会不可避免地偶然出现情绪不好、不如意的时候。但是，如果出现了前 7 个中一半以上的特征，就要提高警惕了。至于第八个生死观的改变——出现了求死的欲念，这个特征是非常致命的，也是最关键的。一旦这个特征出现，那么大致就可以确定为抑郁症患者了。

当然，诊断是否患上抑郁症是一件非常专业的事情，虽然我们可以用上面的方法自行诊断，但想要确诊，还是应该寻求专业心理医生或精神科医生的帮助，不能简单地"对号入座"。不过，在日常生活中，我们仍然有必要了解一些关于抑郁情绪的基本常识，增强防范意识，一旦具备某些特征，要及早主动就医。

隐性抑郁

有一些因抑郁症而自杀的人，会令身边的人感到不可思议，因为他们平时看起来总是笑呵呵的，好像干什么都很轻松，怎么会突然就自杀了呢？！

这就不能不提到一种现象：有些抑郁症患者很善于隐藏自己。他们常常会通过表演对抗自己内心抑郁情绪带来的困扰。这就是所谓的隐性抑郁，也叫微笑抑郁。

隐性抑郁症患者通常不想也不愿意承认自己感受到了抑郁情绪，因为他们中的大多数人都认为，只要这样生活下去，抑郁情绪就会慢慢自动消失。事实上，他们越是这样隐忍，症状就会越严重，受到的困扰也越多。

因此，及时识别隐性抑郁很重要。综合来说，下面这些特征往往暗示着一个人可能存在隐性抑郁。

第一，经常强颜欢笑，这些笑并非发自内心，而是勉强做出的应对式微笑。实际上，他们并不觉得有什么值得笑的事情。这种假笑一般可以通过微表情识别。

第二，出现不同于以往的一些习惯，如借酒消愁、突然暴饮暴食等；也可能会出现相反的习惯，如突然厌食，什么都不想吃。睡眠习惯也可能发生改变，要么失眠，睡不着；要么嗜睡，不想起床。

第三，受到一些刺激时，会出现强烈的情绪反应。因为隐藏自己的抑郁症状是一项非常消耗心力的情绪劳动，有时实在忍不住就会转成瞬间的情绪爆发。并且这些人越是不想让别人看到自己脆弱的一面，就越脆弱。当然，爆发后不久，他们又会再次恢复到隐藏的模式。

第四，乐观心态明显减少。抑郁症最主要的特征之一，就是对世界、生活都持悲观态度，认为自己什么都搞不定，一切都无法挽回，自己完全无能为力。

第五，感性程度增加。抑郁症患者都比较敏感，有时悲观，加上强忍着的情绪折磨，他们常以爆发的形式释放积聚已久的情绪能量。比如，在看到感人的画面时，很容易泪流满面；或平时脾气很好，突然间因为一点小事就怒气冲冲，情绪失控。

第六，突然对一些深奥而复杂的哲学问题感兴趣，如生与死、人生的意义、活着的价值等。这可能意味着他们正在生死线的边缘挣扎，悲观情绪使他们开始对死亡感兴趣。

总之，抑郁症是一种心境障碍，也是一种心理疾病，要认真对待，及时寻求专业人士的帮助。在一些情况下，专家指导和药物、心理治疗相结合，是可以缓解和消除抑郁的。切忌采用强忍、拖延或漠视的态度，否则会对治疗非常不利。

第三节　预防抑郁症的有效方法

通常认为，抑郁症有多种发病机制，其中一大类是生物原因，包括遗传、神经生化、神经内分泌、神经电活动、神经发育等方面。目前我们比较清楚的是，抑郁症患者体内的一些神经生化物质，如 5- 羟色胺（别名血清素）、去甲肾上腺素、多巴胺等神经递质的分泌异常。目前，人们还在寻找基因方面的原因。比如，北京大学第六医院的陆林院士曾对老鼠进行研究，发现了与抑郁相关的基因，该研究成果发表在《自然》上。

另外，社会、心理各方面的因素也会导致抑郁症。早期不好的经历、不恰当的教育教养方式，遭遇挫折、情感伤害，或者长期处于恶劣的生存环境、不良的人际关系、重大的社会心理创伤，以及遭遇各种灾难、失去至爱亲朋等，都有可能成为抑郁症的诱发因素。

不论生物原因还是社会心理因素导致的抑郁，都可以采取心理干预手段对症处理，关键在于及时发现，及时诊治。

以好的教育方法提高心理承受力

大量心理学研究表明，儿童少年时期的经历对一个人的抗挫折能力、耐压能力等会产生很大的影响。其中，有两种教育方法可以帮助一个人健康茁壮地成长，并有能力应对未来的各种挑战。

1. 快乐教育

说起快乐教育，很多人的第一反应可能是：减少学业压力，降低考试难度，让孩子有更多的时间玩耍，每天过得快快乐乐的。

其实，这种认知是片面的。快乐教育的核心主张是以积极的方式鼓励孩子在生活、学习中不断探索，发掘孩子学习的兴趣和好奇心。孩子出现问题、错误、毛病时，不要简单地以呵斥、惩罚来纠错，而是要鼓励孩子寻找原因、分析原因，积极探索正确的方法，让孩子快乐地学习和成长。

任何人在学习过程中都需要大量的尝试，要在不断的探索中逐渐排除无效行为，找到有效行为，并坚持不懈地努力。在这个过程中，孩子更需要家长和老师不断地给予肯定、鼓励和奖赏，这样他们才会乐于一次又一次地探索。而每一次探索成功后都能得到积极的肯定和奖励，他们才会逐渐建立起正面的、努力的心态和行为方法。

就拿初学毛笔书法来说吧。刚开始学习描红摹字时，一篇写下来，很容易被家长挑出毛病。但如果一直被挑毛病，孩子就容易放弃，因为他从中感受不到快乐。而快乐教育是说，首先要让孩子学会享受这个过程，比如掌握如何正确地握笔、运笔，发现其中写得不错、值得肯定和鼓励的地方，这样才能让孩子越来越好；其次，要告诉孩子，比写得好更重要的是能够坚持，如果坚持下来了，自然会越写越好。这样，孩子就会知道，结果是可以预期的，只要努力，功夫到了，就一定会有成果。相反，如果你总是挑毛病，呵斥、惩罚孩子，那么孩子很快就会丧失学习的动力和信心。

2. 挫折教育

有人认为，快乐教育的反面就是挫折教育，其实不然。快乐教育的反面是惩罚教育，而惩罚教育不但会使孩子放弃学习，甚至会给孩子造成心理创伤。有研究表明，不恰当的惩罚、呵斥等会对孩子的大脑神经功能造成伤害。

真正的挫折教育能让孩子正确地面对学习、工作中遇到的困难、失误和失败，包括坚持尝试却得不到结果。比如，有一位设计师就这样说过：在工作中，如果把时间分成 1 000 份，那么所谓灵感只占千分之一，其余的 999 份都是等待——没有结果的等待，这就是人生。

在成功者的字典里，写满了痛苦。它们连起来越来越长，就意味着决不放弃。

有些时候，人们试验一个新产品，可能会一次又一次地失败，这都是正常的。我们要学会接受这样的现实：在生活中，失败是常态。这样我们就不会那么脆弱，而是会明白，成功离不开辛勤的付出和不懈的坚持。所以，人们有时需要有意识地给自己安排一些有难度的任务，让自己得到适当的锻炼。

由此也可以看出，挫折教育是为孩子提供一种心理准备，让孩子有足够的心理韧性去面对生活中各种各样的挫折。也许有人把挫折看成痛苦的来源，但挫折也是毅力的来源。

挫折教育的反面是溺爱教育。溺爱教育是指对孩子做出过度的保护和过分的满足，生怕孩子遇到挫折，什么都替孩子解决了，使孩子丧失自理能力，丧失通过自己努力获得快乐的功能，变得娇气、脆弱，有一颗"玻璃心"，一点事都经不起，一点苦都吃不得。这样的孩子长大后，一旦遇到稍大的挫折就容易崩溃，成为抑郁的易感人群。

总体来说，快乐教育为孩子提供了一种隔离功能，帮助孩子从小远离抑郁；而挫折教育为孩子提供了一种免疫功能，使孩子不怕困难，长大后免于陷入抑郁。能够正确地对孩子进行这两项教育，就是在帮助孩子提前预防抑郁。

痛苦和挫折应该为我们提供成长，而不是毁灭。

6 步调适法

在日常生活和工作中，我们可以通过一些小事预防抑郁情绪的产生。在预防抑郁方面，心理治疗师理查德·奥康纳（Richard O'Connor）

博士总结过一些建议，我们将其统称为"6 步调适法"。

1. 情绪调适

情绪调适是指学会管控自己的情绪，增加愉快情绪，减少不愉快情绪，必要时可以通过适当的途径宣泄情绪。前文介绍过的调整其他负面情绪的方法也适用于此。

2. 认知调适

我们可以改变一些不恰当的认知方式或假设，正确地认识自己、认识关系、认识环境。很多时候，往往并不是事件本身会引发情绪，而是我们对事件的认知决定了情绪。

3. 目标调适

我们可以为自己调整并设置一个力所能及的目标，并把它分解成一系列的小步骤，通过一步步完成目标增加自己的成就感，避免接连失败的痛苦。

4. 人际关系调适

我们应该在生活和工作中建立积极的人际关系，消除不良的人际关系，学会相信他人。不要过分担心自己会拖累他人，因为每个人都是有善心的。

5. 身体调适

我们应该保持规律的作息，该休息时休息，该锻炼时锻炼，同时远离一些不良刺激，如酒精、药物等。

6. 自我调适

很多时候，我们对自己的判断是不准确的。自卑、内疚、失去自信、自尊水平过低等，这些都是由不客观的自我评价造成的。所以，我们要积极、合理地评价自己，坦诚地接纳自己，敢于为自己骄傲。

我们可以随时随地有意识地提醒自己运用以上 6 种方法来调整自己的情绪状态，预防抑郁情绪的产生。无论在什么时候、什么情况下，我们都要相信，我们就是那个能够拯救自己的人，并且也一定可以找到拯救自己的方法。

使用辅助工具降低抑郁水平

为了降低抑郁水平，有人专门研发了一款关于感恩的应用软件，有学者还专门针对这款软件进行了研究，该成果于 2019 年发表在《行为研究与治疗》（*Behaviour Research and Therapy*）上。

研究人员为了证明该软件的有效性，特意邀请一些志愿者每天使用这款应用软件，以此对志愿者进行在线培训和干预。该培训每周进行 5 次，每次培训时间为 45 ~ 60 分钟。在整个培训过程中，如果志愿者遇到困难或不明确的地方，都可以得到在线反馈。其中的关键因素在于，志愿者会得到督促，不断坚持使用这款应用软件。

该培训主要涉及感恩的 4 个核心要素。

第一，促进对日常生活和个人传记中的积极时刻的感知。比如，每天用感恩 App 记录自己开心的时刻或者感动的时刻等，可以用文字记录，也可以直接用手机拍照记录。

第二，鼓励评价这些事是积极的和值得感恩的。比如，每天回顾自己记录的感人的文字和照片，分析自己过去是否忽略了这些值得感恩的事，了解生活中积极的一面，学会重新认识生活，知道值得感恩的事每天都发生在自己周围。

第三，加强感恩的情感体验。比如，重新体会那些感人的过程，体验相应的感恩的感觉，体验感激的积极情绪。

第四，鼓励表达自己的感激之情并采取行动。比如，用实际行动来表达自己的感恩，可以写感谢信、发邮件，也可以亲自登门拜访，表达感谢。

培训主要包括以下 5 个环节，每个环节结束后，志愿者都要总结自己的收获。

1. 意识到积极的一面

这一环节主要介绍培训和应用软件，以及感恩的概念和它与幸福的关系，具体内容包括：分析当前的感恩状态；学习在生活的不同领域感知美好的事物；了解感恩的作用；学习并使用感恩 App，每天使用这款应用软件，就像写感恩电子日记一样。记录的内容包括拍下有关积极经历的照片或做笔记，每天晚上回忆这些经历，记录它们的来源。

2. 体验感恩

这个环节的主要内容是学会把注意力引向积极的事件，并加强感恩的体验，具体内容包括：通过想象练习自我感知，并强化感恩的感觉；在日常生活中贯穿感恩思维；用所有的感官来体验感激之情等。

3. 接纳美好

这一环节主要培养对感恩事件的积极态度，具体内容包括：识别阻碍感恩的态度，矫正关于感恩的不正常认知，并且在每天的日记中表达感恩之情。

4. 表达感激之情并采取行动

这一环节的具体内容包括：发现善的来源；捕捉到有人在做善事，从而表达感激之情，如写感谢信、登门表达感激等。

5. 在日常生活中巩固感激之情

这个环节的主要目的是巩固和回顾自己所学到的知识，并为将来制订一个计划，具体内容包括：回顾培训的内容，并将感恩之心融入今后的生活。

5周后，研究人员通过对志愿者做测试发现，这种感恩练习可以显著降低抑郁水平，激发积极情绪。由此也可以看出，摆脱抑郁的重要方法就是让自己变得积极起来，不论遇到多大的痛苦和挫折，都不要绝望。我们要时刻记住：感谢这个世界还有很多人帮助过我们，或者正在帮助我们，或者还能够帮助我们。当我们有了这样的心态和认知后，抑郁水平也会随之降低。

感谢这个世界，就是在帮助自己。

从日常生活入手对抗抑郁

你有没有过这样的经历：感到抑郁时，到外面运动一下，或者放歌一曲，直抒胸臆，或者去品尝一下自己心仪很久的美食，心里便不再那么郁闷了？这说明，从日常生活入手可以对抗抑郁，如运动、音乐、舞蹈、饮食等都有一定的缓解抑郁和其他消极情绪的作用。

1. 用运动缓解抑郁

运动是应对抑郁的一个重要法宝，曾有学者通过一个长期的追踪实验证实了这一点。该成果发表于2000年的《身心医学》

（*Psychosomatic Medicine*）上。

研究人员邀请了一些志愿者，并将其随机分为 3 组，分别为运动治疗组、药物治疗组、运动加药物治疗组。

其中，运动治疗组的志愿者每周参加 3 次有指导的锻炼，锻炼连续进行 16 周。每次锻炼，志愿者先进行 10 分钟的热身运动，然后进行 30 分钟的快走或慢跑，并且运动强度要达到最大运动负荷的 75%，最后进行 5 分钟的舒缓放松运动。在运动过程中，研究人员会对志愿者的心率和感知疲劳程度做监测和记录。

药物治疗组的志愿者则是服用舍曲林，这是一种选择性 5- 羟色胺再摄取抑制剂。志愿者在服用药物的过程中，会由专业人员负责管理和监督，并及时评估效果和调整剂量。

运动加药物治疗组则二者兼备。

结果发现，3 组志愿者的抑郁水平均有显著降低，而且在 10 个月后，运动治疗组志愿者的抑郁复发率明显低于其他两组。这说明，运动缓解抑郁的效果更持久。

有些人可能觉得自己没有时间运动，其实这是一种认知缺乏。有这样一句话：没有时间运动的人，就是有时间也不会运动的人。只要你想运动，就一定能找出时间，比如单位离家不远的话，可以步行上下班；晚饭后可以到户外散散步；周末可以约上几个好友去爬山、徒步等。这些都是不错的运动方式，都可以起到缓解情绪、预防抑郁的作用。

选择运动，就是选择快乐；选择锻炼，就是远离痛苦。

2. 让音乐带走抑郁

很多人会通过药物治疗抑郁，而药物往往会产生各种不良反应，为此，科学家一直在努力寻找更为安全的替代方案，其中一个有效策略就是音乐干预，而这一点也是有理论基础的。

首先，音乐的节奏、韵律等都与运动有关，既然运动具有抵抗抑郁的效果，那么音乐也应该有类似效果。

其次，音乐与人的情绪有关。实际上，音乐中那些独特的符号、声音系统等，本身就是人类情绪表达的产物和工具。音乐中的各种元素，如旋律、音高、和声等，也都体现了人们的情绪和感受。有研究表明，音乐的这些元素刺激人的听觉系统后，会在人的神经系统引发相应的情绪感受。

根据上述原理，如果能选择合适的音乐，就能通过播放和倾听音乐改变我们的情绪状态，从而达到减轻抑郁情绪的治疗效果。为此，心理学家还做了长达 8 周的追踪干预研究，考察音乐降低抑郁水平的效果，该研究成果于 2012 年发表在《临床护理学》(*Journal of Clinical Nursing*) 上。

研究人员一共招募了 52 名抑郁症患者，随机将他们分为两组，一组为音乐组，一组为非音乐组。两组志愿者的音乐背景知识、抑郁程度都十分相近。对音乐组，为了让音乐能最大限度地符合个人偏好，研究人员首先选择了 4 种不同语言风格的音乐，分别为中文、马来西亚语、印度语和英语，但不论哪种音乐，其音乐特征是一样的。比如，速度都是每分钟 60 ~ 80 拍，不快不慢，没有重音节节拍，没有打击乐特征，十分舒缓。然后，研究人员让志愿者分别试听 4 种语言风格的音乐，并让他们选择一种自己最喜欢的音乐。

在每次干预之前，研究人员会让志愿者先在沙发或椅子上休息 5 分钟，等他们彻底平静安定下来后，再为他们播放 30 分钟他们偏好的那一种音乐，并给每位志愿者配备了专门的 MP3 和 CD 播放器，每位志愿者都能独立地收听自己喜欢的音乐，不受任何外界干扰。

这样的音乐干预一共进行了 8 周。每次干预前后，研究人员都会测量一下志愿者的抑郁水平。

非音乐组则没有音乐干预，每次音乐组的志愿者在听音乐时，他们就坐在一旁安静地休息 30 分钟，之后接受抑郁水平的测试。

结果表明，从第六周开始，音乐的疗效开始显现，且在随后的两周里降低抑郁水平的效果日益明显。

通过这项研究可以看出，音乐是一种有效的缓解抑郁情绪、激发积极情绪的方法，而且这种干预方法容易实施，成本低廉，没有副作用。关键是，人们更容易喜欢和接纳这种不会觉得自己是在"被治疗"的治疗方式，在不知不觉中就能融入自己喜欢的音乐。

需要注意的一点是，在选择缓解抑郁情绪的音乐时，一定要选择那些速度中等、平和舒缓的音乐。比如，舒伯特的《小夜曲》、柴可夫斯基的《船歌》《如歌的行板》、格里格《彼尔·金特》组曲中的《清晨》等；也可以是一些积极、健康的歌曲，如《小城故事》《天边》等。

音乐是人类情绪的护理师，它可以让你的情绪更健康。

3. 用舞蹈愉悦自己

运动和音乐都有治疗抑郁的效果，舞蹈与运动、音乐都有关，因此舞蹈也对抑郁有治疗效果。实际上，人类舞蹈自诞生之初就是与音乐同步的，它是庆祝丰收和其他仪式的重要组成部分，所以舞蹈的一个重要功能就是获得快乐。

根据这个原理，人们便设计了舞蹈干预的方法来治疗抑郁，相关研究成果于 2021 年发表在《躯体、运动、舞蹈与心理治疗》（*Body, Movement and Dance in Psychotherapy*）上。

研究人员一共招募了 109 名抑郁症患者，将其随机分为两组，一组是舞蹈干预组，另一组是非舞蹈干预组。其中，舞蹈干预组的志愿者由训练有素的舞蹈运动治疗师提供帮助，他们一共要参加 20 次舞蹈干预课程，每次课程持续 75 分钟，每周进行两次，总共持续 10 周。每次接受舞蹈干预时，志愿者可以分为若干小组，每组 4 ~ 10 人。舞蹈干预的主要内容包括即兴舞蹈创作、即兴的身体活动等，以使身体进入一定的激活运动状态。在整个过程中，志愿者要不断提高对自己身体感受的认识水平，并积极进行个体之间的互动和交流对话，增强安全感。

在舞蹈干预前后及干预结束后的 3 个月，研究人员分别测量了这两组志愿者的心理健康水平、抑郁情绪状态、工作能力以及其他相关的心理指标，结果发现，舞蹈干预组的志愿者对自己身体的觉知水平更高，恐惧情绪更少，不安全感更少，抑郁水平更低。这说明，为期 10 周的舞蹈干预对缓解抑郁是有效果的。

和音乐一样，舞蹈也是人们喜闻乐见的一种娱乐形式，它本身就能给人们带来快乐；而且，伴随着音乐和运动，舞蹈还能让人们的心血管系统活跃起来，骨骼肌肉系统和心肺功能都得到锻炼，这些对人的身心健康都是非常有好处的。

舞蹈不仅是躯体的运动，也是心灵的健美操。

4. 用饮食治愈自己

随着社会的发展，人们的饮食结构也在发生着巨大变化。传统的饮食富含碳水化合物和纤维，是一种很健康的饮食；而现在，人们的饮食中充斥着各种加工食品，这些食物富含各种饱和脂肪酸和精制糖，人们看似吃得比以前精致了，其实它们是不利于健康的。大量研究表明，抑郁风险的增加与饮食质量或饮食结构变差有着密切关系。有学者就从这个角度入手，考虑把饮食调整作为抑郁情绪早期干预的一个重要方向。

有一项专门针对中青年人的为期 3 周的饮食干预研究，其成果发表在期刊《公共科学图书馆：综合》（*PloS ONE*）上。

研究人员一共招募了 76 位符合要求的志愿者，他们都患有中度或重度抑郁症。同时，他们饮食结构不健康，日常饮食中脂肪和糖的摄入量都超标。这些志愿者被随机分为两组，一组接受饮食干预，另一组则保持原来的饮食习惯。

针对饮食干预组的志愿者，研究人员要求他们增加蔬菜、水果、全麦谷物，以及各种蛋白质，如瘦肉、鸡蛋、豆制品等的摄入量，同时还要增加不含糖的乳制品、鱼类、坚果类食物的摄入量。他们还被要求减少精致的碳水化合物、糖、脂肪以及加工类食品和软饮料的摄入量。这样，每位志愿者都获得了一份详细的饮食计划，并被要求严格遵守这一计划，改变自己的饮食结构和习惯。

整个饮食干预时间为 3 周，饮食干预组志愿者还被要求保留这 3 周内购买食物的票据，他们凭借这个票据能获得 60 美元的报酬。不仅如此，在第一周和第二周结束时，研究人员还对他们进行了 5 分钟的电话采访，询问他们在饮食方面是否存在困难。

3 周后，研究人员再次对两组志愿者的抑郁水平、焦虑水平进行心理测试。分析结果显示，接受饮食干预的这组志愿者，抑郁水平显著降低。这一结果表明，健康合理的饮食结构可以减轻或消退抑郁情绪。

所以说，日常饮食的关键并不在于吃得多好，而在于吃得是否健康。吃得好坏，关键则在于我们吃得对不对。正所谓："吃得正确，活得健康。"

以上是日常生活中对抗抑郁情绪的几种有效方法。我们感觉自己情绪不佳或者有陷入抑郁的倾向时，就可以通过上面的方法改善自己的情绪。当然，如果感觉自己的抑郁情绪较重，除了尝试以上方法，还要及时寻求专业人士的帮助，用更专业的方法来缓解和对抗抑郁。

给生活做减法

有时候，人们感到抑郁，是因为生活中的目标太多，承担的负荷太大、压力太大了。这时，我们要学会给自己的生活做减法。

这里有一个小故事：

有一位男士感觉自己不堪重负，就去找柏拉图寻求解脱的方法。柏拉图对这位男士说，你背上一个筐跟我走吧。两个人一起出发，来到了一条铺满石块的路上。柏拉图让男士每走一步，就从地上捡起一块石头放进筐里，一直到路的尽头。于是，两个人就一起沿着这条路向前走。男士走一步就捡起一块石头放入自己背上的筐里，结果越走越累，几乎走不动了。当他走到终点时，柏拉图早就在那里等他了，并且问他有什么感觉。男士说，感觉真的很糟糕，越走越艰难。柏拉图就指着男士背上的筐说："你要的东西越多，你的负重就越大，行走就越困难，人生也是如此呀！你真的确定自己需要这么多吗？如果会做减法，少索取一点，不是更轻松吗？除非你真的有这么多需要，并且有这么大的能力。"

这个小故事告诉我们，每个人都应该量力而行，根据自己的能力和需求制定切合实际的目标，这样才可能既有成就又不至于过得过于辛苦。每个人心中都有一座山，这座山的高度在每个人的心中也是不一样的。想要登高，可以做加法；但想要真的登顶，就要学会做减法，减轻自己的负重。何况，不是每个人都需要攀登珠穆朗玛峰，这既不可能，也没必要。学会给自己的生活做减法，人生才更轻松。

然而，心理学家研究发现，绝大多数人在生活中都习惯于忽略减法策略，他们遇到各种问题时，更偏好加法原则。这项研究的成果于2021年发表在著名的《自然》上。在研究的一项实验中，研究人员要求志愿者完成一个拼图（见图9-2）修改任务，任务规定：每次只能修

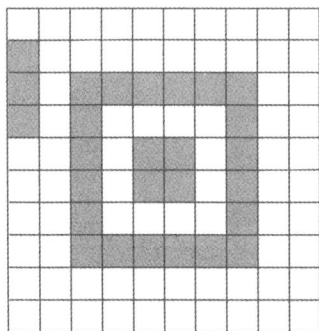

图9-2

改拼图中一个格子的颜色，并要求使用最少的修改次数，让拼图中的图形变得上下、左右都对称。实验结果表明，为了让图形对称，大多数志愿者都在图形上增加了新的色块，而不是直接把拼图左上角的色块清除。

在另一项实验中，研究人员让志愿者给单位提出制度改革的合理化建议，结果发现，大多数人提出的意见都是增加一些措施或规章，而不是减少一些措施或规章。

这两项实验表明，人们普遍持有一种固有的心智模式，认为越多就是越好，哪怕明明有更简化的方法，也选择视而不见。其实有些时候，少反而更好，也更容易解决问题，这也符合我国古代的思想智慧："大道至简。"

最后，希望大家都能相信自己，乐观生活，然后忍耐、坚持、等待。